FARIA SAMRIN KHAN
DILIP ZATE
ANITA SABLE

Bioeficácia da combinação de insecticidas contra as principais pragas de insectos

FARIA SAMRIN KHAN
DILIP ZATE
ANITA SABLE

Bioeficácia da combinação de insecticidas contra as principais pragas de insectos

Algodão Bt em sistema de plantação de alta densidade Um estudo de caso

ScienciaScripts

Imprint
Any brand names and product names mentioned in this book are subject to trademark, brand or patent protection and are trademarks or registered trademarks of their respective holders. The use of brand names, product names, common names, trade names, product descriptions etc. even without a particular marking in this work is in no way to be construed to mean that such names may be regarded as unrestricted in respect of trademark and brand protection legislation and could thus be used by anyone.

Cover image: www.ingimage.com

This book is a translation from the original published under ISBN 978-620-7-65246-4.

Publisher:
Sciencia Scripts
is a trademark of
Dodo Books Indian Ocean Ltd. and OmniScriptum S.R.L publishing group

120 High Road, East Finchley, London, N2 9ED, United Kingdom
Str. Armeneasca 28/1, office 1, Chisinau MD-2012, Republic of Moldova, Europe
Managing Directors: Ieva Konstantinova, Victoria Ursu
info@omniscriptum.com

Printed at: see last page
ISBN: 978-620-8-52236-0

Conteúdo

RESUMO

A presente investigação sobre a "Bioeficácia da combinação de insecticidas contra as principais pragas de insectos do algodão *Bt* em sistema de plantação de alta densidade" foi realizada na quinta de investigação, Departamento de Entomologia Agrícola, VNMKV, Parbhani, durante a kharif 2022. Para este estudo, foi utilizada a variedade de algodão NHH-44 BGII. A presente investigação foi estudada com os objectivos de estudar a bioeficácia da combinação de insecticidas contra as principais pragas de insectos e avaliar a segurança da combinação de insecticidas contra insectos benéficos do algodão *Bt* em sistema de plantação de alta densidade. O experimento foi realizado em blocos casualizados com nove tratamentos e três repetições com três pulverizações.

Os resultados indicaram que todos os tratamentos insecticidas foram significativamente superiores no registo do número mínimo de pragas sugadoras e bollworms em relação ao controlo não tratado. Entre todos os insecticidas, o tiametoxame 12,6% + lamdaci-halotrina 9,5% ZC, o indoxacarbe 14,5% + acetamipride 7,7% SC e o acefato 50% + imidaclopride 1.8% SP foram considerados eficazes na redução da população de afídeos, jassídeos e moscas brancas. Para o tripes, o fipronil 4% + acetamipride 4% SC foi o primeiro tratamento mais eficaz, seguido do tiametoxame 12,6% + lamdacyhalothrin 9,5% ZC, indoxacarbe 14,5% + acetamipride 7,7% SC. Os insecticidas tiametoxame 12,6% + lamdacyhalothrin 9,5% ZC, indoxacarb 14,5% + acetamiprid 7,7% SC e acephate 50% + imidachloprid 1,8% SP foram considerados eficazes contra a população de larvas, corpos de frutificação, flores em roseta, danos na cápsula verde, danos na cápsula aberta e danos nos lóculos devido ao bollworm americano e rosa.

A maior população de inimigos naturais foi registada nas parcelas tratadas com tiametoxame 12,6% + lamdacyhalothrin 9,5% ZC, indoxacarb 14,5% + acetamiprid 7,7% SC e acefato 50% + imidachloprid 1,8% SP após cada pulverização.

O maior rendimento e ICBR foi observado no tratamento tiametoxame 12,6% + lamdacyhalothrin 9,5% ZC.

(Palavras-chave: Bioeficácia, Combinação de insecticidas, Pragas sugadoras, Bollworms, Inimigos naturais.

CAPÍTULO I

INTRODUÇÃO

O algodão é uma das principais fibras e culturas de rendimento da Índia e desempenha um papel importante nos assuntos económicos, políticos e sociais do mundo. Pertence à família "Malvaceae" e ao género "*Gossypium*". É cultivado em regiões tropicais e subtropicais. O algodão, enquanto produto comercial, desempenha um papel importante na indústria têxtil, tanto em termos de criação de emprego como de divisas. É utilizado para fabricar tecidos, lona, flanela e outras peças de vestuário. As sementes de algodão, que representam cerca de 65% do peso, são utilizadas para a extração de óleo, que contém cerca de 20% de óleo, e como um valioso concentrado para o gado. Devido à sua importância económica na Índia, é também designado por "OURO BRANCO".

Os principais países produtores de algodão são a China, a Índia e os EUA, que representam cerca de três quartos da produção mundial de algodão. A Índia ocupa o terceiro lugar na produção mundial de algodão, depois dos EUA e da China. Na Índia, a área cultivada com algodão durante 2021-22 foi de 11,91 milhões de hectares, com uma produção de cerca de 31,20 milhões de fardos e uma produtividade de 445 kg lint/ha, conforme estimado pela Direção de Economia e Estatística, Ministério da Agricultura e do Bem-Estar dos Agricultores, Nova Deli. Entre os Estados, Maharashtra lidera a área cultivada de algodão, seguido de Gujarat, Telangana, Karnataka e Rajasthan como os principais Estados produtores de algodão. O Maharashtra é o maior Estado produtor de algodão do país. Em Maharashtra, a área cultivada com algodão em 2021-22 foi de 3,95 milhões de hectares, a produção de cerca de 7,12 milhões de fardos e a produtividade de cerca de 306 kg de fibra/ha. Cerca de 97% da cultura do algodão é cultivada em condições de sequeiro e em solos de algodão preto. (Anónimo, 2023)

O algodão é uma planta que adora pragas; é suscetível a uma vasta gama de pragas de insectos. Para a proteção da cultura, devem ser adoptadas medidas adequadas de identificação e gestão da cultura. Os afídeos (*Aphis gossypii*), os jassídeos (*Amrasca biguttula biguttula*), os tripes (*Thrips tabaci) e* a mosca branca (*Bemesia tabaci*) são as principais pragas sugadoras do algodão. O complexo de bollworms consiste em bollworms americanos (*Helicoverpa armigera*), bollworms manchados (*Earias vitella*), bollworms cor-de-rosa (*Pectinophora gossypiella*). As perdas no algodão devido a pragas sugadoras e ao complexo de bollworms foram registadas em 11,60% e 44,50%, respetivamente. O algodão é cultivado na Índia com os seus problemas profusos, dos quais os insectos nocivos continuam a ser os principais obstáculos à obtenção de um rendimento regular. Os híbridos de algodão e as variedades de elevado rendimento são mais susceptíveis aos insectos nocivos, como o bollworm e as pragas sugadoras. A cultura do algodão está sujeita a danos causados por 162 espécies, desde a emergência até à colheita final. Em Maharashtra, cerca de 25 pragas causam danos à cultura do algodão em diferentes fases de crescimento. A utilização de insecticidas tem desempenhado um papel importante no aumento da produtividade do algodão. (Kranti *et al.* 2005).

O algodão *Bt* foi especialmente desenvolvido para os bollworms, mas as pragas sugadoras estão a emergir como principais pragas de insectos, causando graves perdas de rendimento. Estes insectos são controlados por insecticidas e as pragas sugadoras não são sensíveis às toxinas *Bt*. Algumas espécies de bollworms desenvolveram resistência contra o algodão *Bt*.

Entre todas as práticas, a estratégia de gestão das pragas na Índia assenta principalmente em pesticidas químicos devido ao seu controlo rápido e eficaz e constitui a única solução para o surto súbito de pragas de insectos, que provaram ser armas eficazes na redução da população de pragas. O conhecimento da fase mais suscetível da praga e do impacto real das populações de pragas na perda de rendimento é crucial para uma gestão económica e bem sucedida das pragas. A falta de conhecimentos sobre estes aspectos levou os agricultores indianos a utilizar indiscriminadamente insecticidas, o que resultou no desenvolvimento de resistência contra as principais pragas de insectos agrícolas. (Dhawan e Sindhu, 1986).

A aplicação de insecticidas combinados tem sido considerada uma abordagem eficaz para retardar o desenvolvimento de resistência nos insectos, evitar o problema do ressurgimento e conseguir um controlo eficaz de diferentes insectos que atacam simultaneamente o algodão. Além disso, tem uma atividade de largo espetro, controla mais do que uma praga ou espécie de praga, tem uma ação conjunta sinérgica, é económico no controlo das pragas, tem uma quantidade e um custo mais baixos, reduz os custos de aplicação, poupa tempo, permite um menor número de pulverizações e é seguro para a saúde dos agricultores e para o ambiente.

Uma maior densidade de plantação assegura uma cobertura mais precoce do dossel das culturas, oferecendo uma opção viável para aumentar a produtividade e os lucros líquidos. As densidades de plantação mais baixas produzem valores mais elevados de atributos de crescimento e rendimento por planta, mas o rendimento por unidade de área também foi mais elevado com densidades de plantação mais elevadas. Na variedade NHH44, o número de cápsulas por planta é baixo, mas devido à plantação de alta densidade, o número de plantas por unidade de área é mais elevado, pelo que podemos obter mais rendimento adoptando a HDPS. As alterações na densidade das plantas modificam o microclima, o que pode alterar a incidência de pragas. O estado das pragas no algodão sob HDPS é diferente do método de plantação convencional. (V. Chinna babu naik)

O ecossistema do algodão é rico em populações de inimigos naturais. Os grupos mais importantes e comuns de inimigos naturais são a mosca-das-damas, o escaravelho, o crisopídeo, as formigas, as vespas, as aranhas e os ácaros predadores. Estas espécies benéficas têm um imenso potencial de biocontrolo e atacam as fases de ovo, imatura e adulta da maioria das espécies de pragas. São frequentemente necessárias várias aplicações químicas para a gestão das culturas e o controlo dos insectos ao longo da estação de crescimento do algodão. Os pesticidas exercem uma variedade de efeitos sobre os inimigos naturais. Assim, a conservação dos inimigos naturais nos campos de algodão é uma necessidade urgente. Foram realizados estudos de campo para avaliar a segurança da combinação de insecticidas contra inimigos naturais.

Por conseguinte, foi feita uma tentativa de avaliar a bioeficácia de combinações de insecticidas contra insectos nocivos do algodão *Bt* e o seu efeito no rendimento em sistema de plantação de alta densidade, tendo sido proposto o seguinte

Objectivos:

1. Estudar a bioeficácia da combinação de insecticidas contra as principais pragas de insectos do algodão *Bt* em sistema de plantação de alta densidade
2. Avaliar a segurança da combinação de insecticidas contra insectos benéficos do algodão *Bt* em sistema de plantação de alta densidade

CAPÍTULO II

REVISÃO DA LITERATURA

A literatura relativa à bioeficácia da combinação de insecticidas contra os principais insectos nocivos do algodão *Bt* e à sua segurança para os insectos benéficos em sistemas de plantação de alta densidade foi revista e apresentada nos seguintes pontos.

Estudar a bioeficácia de insecticidas combinados contra as principais pragas de insectos do algodão *Bt* em sistema de plantação de alta densidade.

Ranganathan e Govindhan (1996) estudaram uma nova mistura inseticida para combater *a Helicoverpa armigera* no algodão. Foi realizada uma experiência de campo para avaliar a eficácia de uma nova mistura inseticida Polytrin-C44EC (Cipermetrina 4g *a.i.* + Profenofos 40g *a.i.*) em comparação com outros insecticidas convencionais, nomeadamente Cipermetrina 10 EC, Profenofos 50 EC e Endosulfan 35 EC, contra o caruncho americano *Helicoverpa armigera* no algodão. A mistura Polytrin C foi superior no controlo da infestação de bollworm e produziu mais rendimento de algodão em caroço do que outros insecticidas que foram aplicados individualmente.

Vadodaria *et al.* (1998) A eficácia de cinco formulações de mistura pronta de insecticidas, *nomeadamente* Deltametrina 0,8% + Endossulfão 32%, Cipermetrina 5% + Triazofos 35%, Deltametrina 1% + Triazofos 35%, Endossulfão 25% + Triazofos 25% e Endossulfão 35% + Triazofos 35% em diferentes doses, juntamente com quatro insecticidas individuais, *nomeadamente* Deltametrina 2,8 CE, Cipermetrina 10 CE, Triazofos 40 CE e Endosulfan 35 CE foram avaliados contra pragas do algodão. As quatro formulações prontas de insecticidas reduzem significativamente os danos causados pelo bollworm em relação ao controlo não tratado em ambas as concentrações. A combinação de Deltametrina 1% + Triazofos 35% @ 1.250 L/ha foi considerada superior aos restantes tratamentos na redução da percentagem de infestação de bollworm em quadrados, cápsulas e lóculos e registou o maior rendimento de algodão.

Patel *et al.* (1998) realizaram uma experiência para estudar a bioeficácia de insecticidas sintéticos de mistura pronta contra o complexo de pragas do algodão 'H6' (*Gossypium hirsutum*) e o seu efeito no rendimento. Os resultados revelaram que uma mistura de deltametrina com triazofos (12,5 + 437,5 g *a.i/ha*) podia controlar a população de bollworms, ao passo que endosulfan + triazofos (500 + 500 g *a.i/ha*) controlava eficazmente o complexo de pragas sugadoras. A pulverização de deltametrina + triazofos (10+ 350 g *a.i*) e endossulfão + triazofos (625 + 625 g *a.i/ha*) deu maior proteção aos botões, cápsulas e lóculos contra os bollworms, o que se reflectiu num maior rendimento do algodão em caroço. A relação custo-benefício mais elevada foi obtida no algodão 'H6' protegido com deltametrina + triazofos (10 + 350 g *a.i/ha*).

Panda *et al.* (2002) realizaram experiências de campo em Bhubaneswar para demonstrar uma maior eficácia de sherlone (fosalone 24% + cipermetrina 5%) contra as brocas de frutos, *Helicoverpa armigera, Earias fabia* e jassid, *Amrasca biguttula*, em comparação com fosalone, cipermetrina e um produto combinado, spark 36 EC (triazofos 35% e deltametrina 1%) nas doses recomendadas. Do ponto de vista do controlo eficaz das brocas dos frutos, dos jassídeos e do aumento do rendimento, o sherlone foi considerado melhor do que os outros compostos.

Rawale *et al.* (2002) realizaram um trabalho de investigação sobre a eficácia dos insecticidas e do extrato de sementes de nim contra os bollworms do algodão em NHH-44. Referiram que o profenofos + cipermetrina era eficaz, com a menor infestação de bollworms em cápsulas e lóculos de algodão.

Mohapatra e sahu (2006) estudaram a bioeficácia de dois produtos combinados de insecticidas, a saber, PHOSCPU 280C (Monocrotofos 25% + Cipermetrina 3%) e PHOSDOM 36SL (Monocrotofos 25% + Diclorovos 11%), juntamente com os seus insecticidas de composto único contra os bollworms do algodão. PHOSCPU 280C@ 600 g *a.i/ha* provou ser o mais eficaz, registando a menor infestação de bollworms e maior rendimento de algodão em caroço. Os insecticidas simples, *ou seja,* Monocrotophos 36 SL, Dichlorovos 76EC e Cypermethrin 25EC foram considerados menos eficazes contra os bollworms.

Khan *et al.* (2008) aplicaram Deltaphos 10+ 35 CE (Deltametrina + Triazofos), Azocord 44 CE (Cipermetrina + Monocrotofos), Azofas 42 CE (Alfametrina + Monocrotofos), Cytac 24 CE (Cipermetrina + Amitraz), Laser 25 CE (Cipermetrina + Dimetoato) e Polytrin-C 44 CE (Cipermetrina + Profenofos) quatro vezes nas doses recomendadas contra o complexo de insectos pragas da cultura do algodão em 1996. Os resultados revelaram que os tratamentos proporcionaram uma redução de 91,01 a 94,64% na infestação de bollworms do algodão. Não houve diferença significativa entre os produtos no controlo de pragas de insectos sugadores e bollworms.

De acordo com Dharne e Kabre (2009), os tratamentos indoxacarbe 14,5+ acetamipride 7,7 SC @ 500 ml/ha e indoxacarbe 14,5+ acetamipride 7,7 SC @ 400 ml/ha foram significativamente superiores na redução da incidência de pragas sugadoras da malagueta.

Jadhav *et al.* (2009) estudaram a bioeficácia do novo inseticida Acetamiprid 2%+ Indoxacarb 15% SC contra o complexo de bollworms do algodão. Foram realizados estudos para avaliar a eficácia de determinados insecticidas mais recentes, isoladamente e em combinação, contra o complexo de bollworms do algodão. O tratamento Acetamapride 2%+Indoxacarbe 15% @ 20 e 150 g *a.i.*/ha foi o tratamento superior no controlo da percentagem de infestação em corpos de frutificação (quadrados, flores, cápsulas verdes), seguido do Acetamapride 2%+Indoxacarbe 15% @ 12 e 90 g *a.i.*/ha e do Acetamapride 2%+Indoxacarbe 15% @ 10 e 75 g *a.i.*/ha. A menor porcentagem de infestação em lóculos na colheita devido a bollworms foi observada nos tratamentos combinados Acetamaprid 2% + Indoxacarb 15% @ 20 e 150 g *a.i.*/ha. O maior rendimento de algodão em caroço foi obtido com o tratamento Acetamaprid 2%+Indoxacarb 15% @ 20 e 150 g *a.i.*/ha (12,45 q/ha).

Kumar e Shivaraju (2009) avaliaram as moléculas insecticidas contra a broca do tomateiro, *Helicoverpa armigera* (Hubner) e revelaram que Lambda cyhalothrin S EC + Thiamethoxam 25 WG @ 15.625+ 31.25 g *a.i.*/ha foi eficaz na supressão da população larvar para 68.53 por cento após a terceira pulverização. A redução percentual nos danos aos frutos foi máxima em Lambda cyhalothrin 5 EC + Thiamethoxam 25 WG (65,60), seguida por Beta cyfluthrin 9% + Imidacloprid 21% - 300 OD @ 18+ 42 g *a.i.*/ha (64,60) e a menor em Triazophos 40 EC @ 400 g *a.i.*/ha (36,70).

Udikeri *et al.* (2010) efectuaram o estudo de bioeficácia para pragas sugadoras do algodão com um produto combinado de tiametoxame 141 SC + λ-cialotrina 106 SC. A população de tripes, cigarrinhas e pulgões foi reduzida para um nível inferior ao ETL com diferentes dosagens de novos produtos químicos. O rendimento do algodão em caroço foi significativamente mais elevado. Foi observada a eficácia do tiametoxame contra as pragas sugadoras, tendo o produto químico sido eficaz contra tripes e cigarrinhas e obtido o maior rendimento de algodão em caroço. A superioridade da lambda-cialotrina contra o bollworm, especialmente o bollworm cor-de-rosa, foi bem documentada.

Kumar *et al.* (2010) A combinação de dois produtos químicos com diferentes modos de ação é a nova estratégia para reduzir o desenvolvimento de resistência entre os insectos. A formulação de mistura pronta de novas moléculas insecticidas flubendiamida + tiaclopride 480 SC foi testada em diferentes concentrações para a gestão de bollworms e pragas sugadoras do algodão em condições de campo. A flubendiamida + tiaclopride 480 SC a 120 g *a.i.* ha^{-1} mostrou danos significativamente mais baixos nos bollworms e aumentou o controlo da população de bollworms, afídeos, mosca branca e funil de folhas em comparação com os controlos padrão. As plantas de algodão pulverizadas com flubendiamida + tiaclopride 480 SC cada uma nas doses de 120, 240 e 480 g *a.i.*/ha não apresentaram quaisquer sintomas fitotóxicos como epinastia, hiponastia, lesões foliares, murchidão, clareamento de veias e necrose.

Patel *et al.* (2010) os resultados revelaram que o tratamento de espirotetramato 12%+imidaclopride 36%-480 SC@ 625 ml por ha foi considerado mais eficaz contra o complexo de pragas sugadoras do algodão híbrido. O espirotetramato 12%+imidaclopride 36%-480 SC@ 750 ml por ha e o espirotetramato 150 OD@ 600 ml por ha foram considerados os próximos tratamentos eficazes na minimização da população de pragas sugadoras do algodão. O rendimento máximo de algodão em caroço foi alcançado com espirotetramato 12%+ imidaclopride 36%-480 SC@ 625 ml por ha (1917 Kg/ha).

Patil *et al.* (2011) estudaram a eficácia do RIL (043 EC); um novo produto combinado contra o complexo do bicudo do algodoeiro. Um novo produto combinado RIL (043 EC, Indoxacarb 7,5% +1 Cyhalothrin 4% EC) foi avaliado quanto à sua eficácia contra o complexo do bicudo do algodoeiro em comparação com o Koranda (Cypermethrin5%+Chlorpyrifos 50% EC @1250 ml/ha) (controlo padrão). Entre as três dosagens testadas, nomeadamente, RIL (043 EC @1000 ml/ha) foi considerado eficaz na redução da infestação de bollworm e provou ser igualmente eficaz como o de Indoxacarb 14,5 SC e Koranda e também registou maior rendimento de algodão em caroço. Nenhum efeito fitotóxico com RIL (043 EC) foi observado no híbrido de algodão.

Kamble *et al.* (2014) realizaram uma experiência para avaliar a eficácia de novas combinações de insecticidas contra a broca do fruto e do rebento, *Earias vittella*, no quiabeiro. Os insecticidas indoxacarbe 14,5 SC + acetamipride 77 SC a 400 ml/ha, profenofos 40 CE + cipermetrina 4 CE a 1000 ml/ha e clorpirifos 50 CE + cipermetrina 5 CE a 1000 ml/ha revelaram-se os mais eficazes na redução da infestação de frutos. O rendimento significativamente mais elevado (124,44 q/ha) de frutos saudáveis e a relação benefício-custo incremental foram registados com indoxacarbe 14,5 SC + acetamipride 7,7 SC, seguido de profenofos 40 CE + cipermetrina 4 CE (114,52 q/ha) e clorpirifos 50 CE + cipermetrina 5 CE (112,70 q/ha).

Bajya *et al.* (2015) Foram efectuados estudos de campo na quinta de investigação, IPFT, Gurgaon, para avaliar a eficácia do indoxacarbe 5%+ fipronil 5% SC em quatro doses, *nomeadamente* 100 (50+ 50) g *a.i/ha*, 125 (62,5+ 62,5) g *a.i/ha*, 150 (75+ 75) g *a.i/ha* e 250 (125+ 125) g *a.i/ha*, juntamente com fipronil 5% SC@ 100 g *a.i/ha*, indoxacarb 14.5% SC@ 75 g *a.i/ha* e Chlorpyrifos 16%+ Alphacypermethrin 1% EC@ 425 (400+ 25) g *a.i/ha* contra jassídeos e moscas brancas no algodão durante a kharif, 2013-14 e kharif, 2014-15. Indoxacarb 5%+ fipronil 5% SC@ 125 g *a.i/ha* foi altamente eficaz na supressão da população de jassídeos e moscas brancas.

Surpam *et al.* (2015) Investigaram a bioeficácia de novos combiprodutos contra pragas sugadoras e o complexo de bollworm do algodão em comparação com insecticidas individuais. Os resultados da avaliação revelam que (T6) Cipermetrina 10% + Indoxacarbe 10% SC@ 200+200g *a.i/ha* foram tratamentos superiores na redução do complexo de pragas sugadoras, *ou seja,* pulgões, tripes entre todos os tratamentos após a primeira e segunda pulverização. E, no caso do complexo de bollworms, é um tratamento superior na redução da percentagem de infestação em corpos de frutificação (quadrados, flores e cápsulas verdes) entre todas as observações após a primeira, segunda e terceira pulverizações.

Naik *et al.* (2015) estudaram o impacto de novas moléculas na gestão do bollworm em sistema de plantação de alta densidade. Verificaram que, entre os cinco insecticidas selecionados, o clorantraniliprole 18,5 SC e a flubendiamida 480 SC registaram a menor incidência de bollworm aos 60 DAS e 80 DAS no sistema de plantação de alta densidade (HDPS), adoptando um espaçamento de 45 x 10 cm.

Nemade *et al.* (2015) avaliaram a eficácia do programa de pulverização para a gestão do bollworm sob sistema de alta densidade durante a kharif. Eles descobriram que a população larval mínima de bollworm foi observada com a aplicação de flubendamida 480 SC @ 50ml/ac> indoxacarb 14,5 SC @ 100ml/ac> fenvalerate 20 EC@ 160ml/ac sob sistema de plantio de alta densidade (HDPS) adotando espaçamento de 60 x 10 cm.

Bajya *et al.* (2015) avaliaram a eficácia do Ampligo 150 ZC (Chlorantraniliprole 9,3% + Lambda cyhalothrin 4,6% ZC) no algodão e descobriram que o Ampligo 150ZC a 37.5, 45 e 60 g ai/ha foi altamente eficaz no controlo da população larvar de *Earias spp, Helicoverpa armigera e Pectinophora gossypiella* em comparação com outro controlo padrão Ampligo 150 ZC (30 g ai/ha), cloranatriliprole 18.5 SC@ 30 g ai/ha, quinalfos 25 EC@ 500 g ai/ha, deltametrina 2.8 EC@ 12.5 g ai/ha e lambda cyhalothrin 4.9 CS@ 25 g ai/ha. Além disso, foi registada uma sequência de efeitos semelhante na redução significativa da percentagem de danos em quadrados, cápsulas e lóculos, bem como no rendimento elevado.

Kumar e Srivastava (2016) determinaram a bioeficácia do fenepiroximato, do fenvalerato, do etião + cipermetrina e do tiametoxame + lambda-cialotrina contra larvas de *Spodoptera litura* com 5 dias de idade através do método de atomização. O etião + cipermetrina foi mais tóxico às 12 horas (CL50 = 0,0074%), o fenepiroximato às 24 horas (CL50 = 0,00667%) e o tiametoxame + lambda-cialotrina às 48 horas após a exposição (CL50 = 0,0067%). As mesmas combinações de insecticidas não se revelaram as "mais tóxicas" nos quatro períodos de exposição, *ou seja,* 12, 24, 48 e 72 horas após a exposição. Por exemplo, o etião + cipermetrina foi o mais tóxico aos 12 anos, o fenepiroximato aos 24 anos, o tiametoxame + lambda-cialotrina aos 48 anos e o etião + cipermetrina novamente aos 72 HAE. O fenvalerato (0,01 e 0,009%) causou 50% de mortalidade em 3,77 e 5,46 h; o fenepiroximato (0,01, 0,009 e 0,008%) em 2,93, 4,38 e 7,29 h e o tiametoxame + lambda-cialotrina (0,009%) em 12,97 h, respetivamente.

Balikai (2016) fez duas aplicações de inseticida quando a população de mosca branca ultrapassou o nível de limiar económico (ETL) de 5 adultos por folha. Duas pulverizações de AzaMax 1,2%+ Acetamiprid 20 WSP@ 475 ml+ 210 g/acre registaram um rendimento mais elevado de algodão em caroço de 20,57 q/ha (31,02% de aumento em relação ao controlo não tratado) e foi igual ao resto dos tratamentos insecticidas. Assim, duas pulverizações de qualquer uma das combinações de AzaMax 1,2%+ Acetamiprid 20 WSP@ 475 ml+ 210 g/acre, AzaMax 0,6%+ Acetamiprid 20 WSP@ 700+ 210 g/acre, AzaMax 1,2%+ Acetamiprid 20 WSP@ 240 ml+ 210 g/acre, AzaMax 0.6%+ Acetamipride 20 WSP@ 475 ml+ 210 g/acre ou duas pulverizações de aplicação isolada de Acetamipride 20 WSP@ 210 g/acre, AzaMax 0,6% @ 950 ml/acre, AzaMax 1,2% @ 475 ml/acre, AzaMax 0,6% @ 700 ml/acre podem ser utilizados para a gestão eficaz da mosca branca no algodão Bt.

Selvaraj *et al.* (2016) A nova formulação de Cholrantraniliprole 4,3%+ Abamectin 1,7% SC foi testada quanto à bioeficácia contra *Helicoverpa armigera* no tomate durante 2011-12 e 2012-13. Cholrantraniliprole 4.3%+ Abamectin 1.7% SC@ 24, 30, 36 e 60 g *a.i* ha^{-1} juntamente com o controlo padrão, Cholrantraniliprole

18.5% SC@ 30 g *a.i* ha^{-1}, abamectina 1.9 EC@ 15 g *a.i* ha^{-1} e lambda cyhalothrin 4.9 CS@ 15 g *a.i* ha^{-1} testados contra *H. armigera*. Os resultados mostraram que Cholrantraniliprole 4,3% + Abamectin 1,7% SC foi significativamente eficaz quando pulverizado duas vezes com 15 dias de intervalo, minimizou a incidência de *H. armigera* e aumentou a produção de frutos.

Patil *et al.* (2017) O produto químico testado, Dinotefuran 4% + Acefato 50% (54 SG) foi formulado em quatro doses de 439 g/ha (12+225g *a.i.*/ha), 496 g/ha (18+250g *a.i.*/ha), 550 g/ha (22+275g *a.i./ha*) e 1100 g/ha (44+550g *a.i.*/ha). Estas doses foram testadas em comparação com tratamentos individuais, *nomeadamente,* dinotefurano 20% SG 125 g/ha (25g *a.i./ha*), acefato 75% SP 400 g/ha (300g *a.i.*/ha) e controlo padrão, imidaclopride 17,8 SL 125 ml/ha (22,25g *a.i.*/ha), juntamente com um controlo não tratado (pulverização de água). Entre estes tratamentos, dinotefuran 4%+ acefato 50% (54%) SG @ 22+275g *a.i.*/ha a 15 dias de intervalo foi eficaz na redução da população de pragas sugadoras e foi seguido por dinotefuran 20 SG @ 25g *a.i.*/ha. No geral, as doses químicas testadas de 22+275g *a.i.*/ha e 18+250g *a.i.*/ha foram capazes de reduzir a infestação da praga sugadora, além de aumentar o rendimento.

Raghavendra *et al.* (2017) Foi realizada uma experiência para estudar a bioeficácia do produto combinado (Novaluron 5,25% + Indoxacarb 4,5% SC) contra o complexo da broca da vagem no ecossistema da ervilha-de-angola durante duas épocas no ano 2012-13 e 2013-14. Foi registado um número significativamente mais baixo de mosca da vagem, população de broca da vagem e também menos danos na vagem no tratamento com produto combinado @ 875 ml / ha. No entanto, o maior rendimento de vagem seca foi registado no tratamento Novaluron 5,25% + Indoxacarb 4,5% SC com 20,00 e 19,20 q / ha no ano 2012-13 e 2013-14, respetivamente, portanto, Novaluron 5,25% + Indoxacarb 4,5% SC combinação encontrada para ser muito eficaz no controle do complexo de broca de vagem no ecossistema de ervilha-de-angola.

Ambarish *et al.* (2017) Foi realizada uma experiência de campo para avaliar a eficácia de diferentes combinações de insecticidas. No total, foram efectuadas 3 pulverizações aos 40, 80 e 120 dias após a sementeira, utilizando um pulverizador de dorso operado manualmente. A média das três pulverizações indicou que a aplicação de Espinetorame 10% p/p+ Sulfoxaflor 30% p/p WG@ 140 g *a.i/ha* registou um número mais baixo de moscas brancas por folha (0,41) e de fungos das folhas (0,48). Enquanto que o menor número de pulgões por folha (1,71) e tripes (0,77) foram registados na aplicação de Sulfoxaflor 30% @ 108 g *a.i/ha*. Enquanto a testemunha não tratada registou o maior número de tripes (13,22), fungos da folha (3,71), moscas brancas (2,88) e pulgões (36,33) por folha. A incidência de bollworm foi mais baixa no Spinetoram 10% w/w@ 36 g *a.i/ha*.

Thumar *et al.* (2018) estudaram a bioeficácia do Difenthiuron 25%+ Pyriproxifen 5%SE contra pragas sugadoras de algodão *Bt* para avaliar a bioeficácia do Difenthiuron 25%+ Pyriproxifen 5%SE @ 500,750,1000,1250ml/ha, Difenthiuron 50WP @600gms/ha, Pyriproxifen 10%EC @1000ml/ha contra pragas sugadoras de algodão. Difenthiuron

25%+Pyriproxifen 5% SE (1000 e 1250ml /ha) foram relativamente mais eficazes contra insectos sugadores.

Sangamithra *et al.* (2018) A presente experiência de campo para avaliar a bioeficácia da flubendiamida 24% p/v + tiaclopride 24% SC p/v contra a broca do rebento e do fruto e as pragas sugadoras em brinjal. Os resultados revelaram que, entre os tratamentos, a flubendiamida 24%+ tiaclopride 24% SC p/v@ 84+ 84 g *a.i* ha^{-1} teve uma redução incrível da broca do rebento e do fruto e das pragas sugadoras, seguida da flubendiamida 24%+ tiaclopride 24% SC p/v@ 72+ 72 g *a.i/ha* e do tiaclopride 21,7% SC p/p@ 180 g *a.i/ha*. Relativamente às pragas sugadoras, o produto combinado@ 84+ 84 g *a.i* ha^{-1} foi altamente eficaz na redução da população de afídeos, jassídeos e tripes, seguido de flubendiamida 24% p/v+ tiaclopride 24% SC p/v@ 72+ 72 e 64+ 64 g *a.i/ha*. A maior produção de frutos foi registada com a flubendiamida 24% p/v+ tiaclopride 24% SC p/v@ 84+ 84 g *a.i* ha^{-1} (47,92 t ha^{-1}) e também foi considerada relativamente mais segura para organismos não visados como aranhas e coccinelídeos.

Subbireddy *et al.* (2018) realizaram uma experiência de campo para avaliar a eficácia de sete insecticidas de mistura pronta contra as brocas dos frutos, *ou seja*, *Earias vittella* e *Helicoverpa armigera*, no quiabeiro. Entre os sete diferentes insecticidas de mistura pronta avaliados quanto à sua bioeficácia relativa, Chlorantraniliprole 9,3% + Lambda cyhalothrin 4,6% ZC (0,007%) e Indoxacarb 14,5% + Acetamprid 7,7% SC (0,022%) foram os mais eficazes contra as brocas dos frutos, registando uma menor população de larvas e danos nos frutos, tanto em número como em peso, seguidos de Profenophos 40% + Cypermethrin 4% EC (0,044%). O rendimento máximo de frutos e a realização líquida foram obtidos no tratamento de Chlorantraniliprole 9,3% + Lambda- cyhalothrin 4,6% ZC seguido de Indoxacarb 14,5% + Acetamprid 7,7% SC.

Guru e patil (2018) Uma experiência de campo conduzida para testar a bioeficácia de um novo combiproduto, flubendiamida 240+ tiaclopride 240 (Belt Expert 480SC) contra as brocas da malagueta , *Helicoverpa armigera* e *Spodoptera spp*. Os resultados indicaram que, entre vários tratamentos, a flubendiamida 240+ tiaclopride 240@ 120 g *a.i/ha* foi considerada um tratamento superior com menos população larvar e menos danos nos frutos. No entanto, foi equiparado ao clorantraniliprole 20SC@ 30 g *a.i/ha* e seguido pela flubendiamida 480SC@ 60 g *a.i/ha*. Belt Expert@ 120 g *a.i/ha* também registou o maior rendimento (229,40 q/ha) e foi rentável (rácio B: C de 7,54) seguido de Coragen 20SC@ 30 g *a.i/ha* e Fame 480SC@ 60 g ai/ha.

Rohokale *et al.* (2018) Realizaram-se experiências de campo para estudar a eficácia de novas combinações de insecticidas contra a broca do rebento e do fruto da beringela. Os resultados revelaram que a menor infestação de rebentos por *L. orbonalis* foi observada em clorantraniliprole 9,3% + lambda cialotrina 4,6% ZC (1,38%), foi estatisticamente igual a flubendiamida19,92% + tiaclopride19,92% (1,42%). Clorantraniliprole 8,8% + tiametoxame17. 5% SC (10,47%) foi o tratamento mais superior, mostrando os danos mais baixos nos frutos, estatisticamente a par com flubendiamida 19,92%+tiaclopride 19,92% (10,78%), seguido de clorantraniliprole 9,3%+ lambda cialotrina 4,6% ZC (11,27%), indoxacarbe 14,5%+ acetamipride 7,7% SC (12,52%) em número e peso, respetivamente. O clorantraniliprole 8,8% + tiametoxame 17,5% SC registou o rendimento mais elevado (149q/ha).

Meena (2018) realizou uma experiência para avaliar a bioeficácia do imidaclopride 17.1 SL contra importantes pragas sugadoras do algodão durante o Kharif. 2016. Os insecticidas viz., imidaclopride 17,1% SL @ 150, 200 e 250 ml ha^{-1}. imidaclopride 17,8% SL @ 125 ml ha-1, acetamipride 20% SP @ 100 g ha^{-1} e tiametoxame 25% WG @ 200 g ha-1 foram aplicados duas vezes na ETL. Entre os tratamentos, o imidaclopride 17,1% SL @ 250 ml ha-1 foi considerado o mais eficaz contra o jassid, a mosca branca e os tripes na cultura do algodão, o que foi igual ao imidaclopride 17,1% SL @ 200 ml ha-1 e ao tiametoxame 25% WG @ 200 g ha-1. O rendimento mais elevado de algodão em caroço (16,17 q ha-1) foi registado nas parcelas tratadas com imidaclopride 17,1% SL @ 250 ml ha-1.

Patel (2018) Foi realizada uma experiência de campo sobre a eficácia de Flubendiamide 24 + Thiacloprid 24 SC contra as principais pragas de insectos da grama preta. Foram aplicadas três doses diferentes do referido novo inseticida para determinar a quantidade necessária para controlar os insectos da grama preta. Os outros tratamentos foram duas doses diferentes de flubendiamida 39,35 SC, uma dose única de cada um de tiaclopride 21,7 SC, clorantraniliprole 18,5 SC e quinalfos 25 EC e controlo sem tratamento.

Bavisa *et al.* (2018), o resultado revelou que o menor índice de pulgões foi observado em parcelas tratadas com tiametoxam 12,6% + lambda cialotrina 9,50% @ 0,015% e foi igual a flonicamida 0,002% e imidaclopride 0,005%. A ordem de eficácia dos insecticidas sintéticos foi tiametoxame 12,6% + lambda-cialotrina 9,50% @ 0,015% > imidaclopride 40% + fipronil 40% w/w 80% WG 0,03% > fipronil 5% SC 0,05% > dinotefurano 20% SG 0,008%. Considerando a eficácia, o rendimento e a economia dos insecticidas, o tiametoxame 12,6% + lambda-cialotrina 9,50% @ 0,015% foi considerado o mais eficaz e económico para o controlo do afídeo da mostarda.

Ghosal *et al.* (2018) Estudaram a bioeficácia de alguns novos insecticidas e misturas de tanques contra a mosca branca no algodão. Entre as misturas de insecticidas utilizadas, Spiromesifen + Imidacloprid (60+30) g a.i./ha foi considerado superior na redução da contagem da população de mosca branca (2,24 por três folhas) em comparação com 13,95 por três folhas na parcela não tratada e relativamente menos tóxico para coccinelídeos e população de aranhas.

Borude *et al.* (2018) estudaram a eficácia comparativa de insecticidas readymix contra o complexo bollworm do algodão. Os resultados revelaram que a aplicação de indoxacarbe 14,5% + acetamipride 7,7% SC mostrou-se eficaz no registo de danos mínimos nos corpos de frutificação verde e danos nas cápsulas abertas devido a bollworms, que foi seguido de perto por profenofos 40% + cipermetrina 4% CE, novaluron 5,25% + indoxacarbe 4,5% SC e tiametoxame 12,6% + lambda cialotrina 9,5% ZC e cipermetrina 3% + quinalfos 20% CE. Por outro lado, o tratamento com piriproxifena 5% + fenpropatrina 15% CE revelou-se relativamente menos eficaz a este respeito.

Padalia *et al.* (2018) avaliaram a bioeficácia de diferentes inseticidas de mistura pronta contra tripes no algodão *Bt*. Entre os seis inseticidas de mistura pronta avaliados, Acephate 50% + Imidachloprid 1,8% SP e Thiomethaxam 12,6% + lambda-Cyhalothrin 9,5% ZC foram considerados mais eficazes na população de Thrips, enquanto Fipronil 5% SC e Buprofezin 15% + Acephate 35% WP foram medíocres em sua eficácia.

Bhamare e Wadnerkar (2018) Efeito de combinações de insecticidas mais recentes (acetamipride + cipermetrina, acetamipride + quinalfos e acetamipride + clorpirifos), juntamente com os seus únicos homólogos, nos danos causados pelo complexo de bollworms no algodão, nos danos nas cápsulas e nos lóculos, o seu efeito nos inimigos naturais e no rendimento.Os resultados revelaram que os tratamentos combinados de acetamipride + quinalfos (40+2000) g, acetamipride + clorpirifos (40+2000) g e acetamipride + cipermetrina

(40+2000) g *a.i.*/ha foram significativamente superiores na redução dos danos causados pelos bollworms e no aumento do rendimento do algodão em caroço por hectare. O produto combinado (acetamipride + quinalfos 40+2000 g *a.i.*/ha) reduz os danos causados pelo complexo de bollworms e também apresenta o maior rendimento de algodão. O resultado global conclui que todas as combinações tiveram melhor desempenho do que as suas contrapartes individuais

Swami *et al.* (2018) Foi realizada uma experiência de campo para avaliar os insecticidas recém-introduzidos Pyriproxyfen 8.0 SE+ Clothianidin 3.5 SE em diferentes doses utilizadas para controlar a mosca branca e outras pragas de insectos sugadores de seiva em brinjal com controlos padrão Clothianidin 50% WDG e Pyriproxyfen 10% EC. O resultado da presente investigação revelou que o Pyriproxyfen 8.0 SE+ Clothianidin 3.5 SE@ 52.5+ 120 g *a.i/ha* mostrou uma mortalidade máxima na mosca branca e noutras pragas de insectos sugadores de seiva seguido de dosagens mais baixas de Pyriproxyfen 8.0 SE+ Clothianidin 3.5 SE aos 3, 7, 10 e 14 DAS durante ambas as épocas de cultivo e provou ser significativamente melhor do que outros tratamentos.

Bhujade *et al.* (2018) estudaram a avaliação de novas combinações de insecticidas contra o complexo de bollworm no algodão. Os resultados revelaram que a aplicação de clorantraniliprole 8,8% + tiametoxame 17,5% SC provou ser eficaz no registo de danos mínimos nos corpos de frutificação verde, bem como na percentagem de material derramado, que estava a par com o indoxacarbe 14.5% + acetamipride 7,7% SC, clorantraniliprole 9,3% + lambda-cialotrina 4,6% ZC, tiametoxame 12,6% + lambda-cialotrina 9,5% ZC, flubendiamida 19,92% + tiaclopride 19,92% SC.

Reddy *et al.* (2018) avaliaram a eficácia de misturas de insecticidas *viz*, clorantraniliprole 8,8% + tiametoxame 17,5% SC, lambda cialotrina 4,6% + clorantraniliprole 9,3% ZC, tiametoxame 12,6% + lambda cialotrina 9,5% ZC, flubendiamida 19,92% p/p + tiaclopride 19,92% p/p SC @ contra a broca da vagem manchada, *Maruca vitrata* e a lagarta comedora de folhas, *Spodoptera litura* Fab. Os dados mostraram que a lambda-cialotrina 4,6% + clorantraniliprole 9,3% ZC a 30 g *a.i* ha^{-1}, o tiametoxame 12,6% + lambda-cialotrina 9,5% ZC a 27,5 g *a.i* ha^{-1} e o clorantraniliprole 8,8% + tiametoxame 17,5% SC a 150 g *a.i* ha^{-1} foram superiores no manejo de *M. vitrata* e *S. litura* em relação a outros tratamentos.

Bajpai e Pandey (2019) Três dosagens de acefato 50% e buprofezina 20% WP *viz.,* 150 + 375, 200 + 500 e 250 + 625 g *a.i.* ha^{-1} (T1, T2, T3), juntamente com quatro controlos tratados *viz*, acefato 75% SP @ 584 g *a.i.* ha^{-1} (T4), buprofezina 25% SC @ 250 g *a.i.* ha^{-1} (T5), clorpirifos 50% + cipermetrina 5% EC @ 500 + 50 g *a.i.* ha^{-1} (T6), e profenofós 50% EC @ 1000 g *a.i.* ha^{-1} (T7) e um controlo sem tratamento (T8) foram avaliados contra os principais insectos sugadores do algodão (afídeos, jassídeos, moscas brancas e tripes). Todos os tratamentos foram significativamente superiores ao controlo não tratado. Entre os tratamentos, a redução máxima na percentagem da população de afídeos, jassídeos, moscas brancas e tripes foi observada com acefato 50% + buprofezina 20% WP @ 250+ 625 g *a.i.* ha^{-1}, juntamente com o rendimento máximo (25,67 a 25,82 q ha^{-1}).

Manu *et al.* (2019) Foi realizada uma experiência de campo para avaliar a bioeficácia do Econeem Plus® contra moscas brancas no algodão. Sete tratamentos compreendendo Econeem Plus® em diferentes concentrações *viz.,* 2, 2,5 e 3ml/L, combinação de Econeem Plus®+ Ecospread® a 2+ 0,5 ml/L, 2,5+ 0,5 ml/L e 3+ 0,5 ml/L. Estes foram comparados com um controlo não tratado (pulverização de água) e avaliados. Os resultados revelaram que o Econeem Plus® é eficaz contra a mosca branca do algodão nas dosagens de 2,5 e 3 ml/L. A adição de Ecospread a 0,5 ml aumenta a taxa de eficácia. A percentagem de redução de moscas brancas aos 10 dias após a primeira e segunda pulverização mostra que, Econeem Plus® a 3ml/L+ Ecospread a 0,5 ml/L resultou numa redução de 78,1% e 84,9% em relação ao controlo, respetivamente. O estudo de fitotoxicidade também revela que o produto é seguro e controla apenas a praga alvo, *ou seja*, a mosca branca do algodão.

Floret (2019) estudou a eficácia de campo de clorantraniliprole 9,3% p/p + lambda-cialotrina 4,6% p/p 150 ZC, clorantraniliprole 18,5 SC, lambda-cialotrina 4,9 CS, novaluron 5,25% + indoxacarbe 4,5% SC em aplicação sequencial na cultura do tomate. Duas aplicações sequenciais de cada inseticida com 30 dias de intervalo apresentaram melhores resultados do que uma única aplicação. Quando aplicado sequencialmente, o clorantraniliprole 9,3% p/p + lambda-cialotrina 4,6% p/p 150 ZC proporcionou o melhor controlo.

kumar e Karthik (2020) Foram realizadas duas experiências de campo para avaliar a eficácia do F9252 (bifentrina 8% + clotianidina 10% SC) uma formulação de mistura pronta de neonicotinóides contra larvas brancas e pragas sugadoras de amendoim utilizando a variedade de amendoim TMV 7 em desenho de blocos aleatórios (RBD). Os dados sobre a percentagem de controlo de larvas brancas e pragas sugadoras indicaram que a percentagem de controlo mais elevada foi registada nos tratamentos, F9252 @100+ 125 g *a.i.* ha^{-1} e F9252 @ 80 + 100 g *a.i.* ha^{-1} na altura da colheita em relação ao controlo não tratado e estes dois tratamentos foram comparativamente superiores a todos os outros tratamentos. Assim, recomenda-se o F9252 @ 80 + 100 g *a.i.* ha^{-1} para obter o máximo rendimento com um controlo eficaz das pragas do amendoim com uma dose comparativamente baixa de exposição do inseticida ao ambiente.

Suvash e Nihal (2020) Foram realizadas experiências de campo para avaliar a eficácia de alguns insecticidas mais recentes desenvolvidos por diferentes empresas contra a mosca branca e os tripes do algodão. Os dados experimentais revelaram que o tratamento Diafenthiuron + Acetamiprid em três doses diferentes, 400, 500 e 600g/ha, foi eficaz na supressão da população de mosca branca e tripes. A mortalidade mais elevada foi registada no tratamento Diafenthiuron + Acetamiprid@ 600g/ha que é estatisticamente igual ao Diafenthiuron + Acetamiprid@ 500g/ha após 3 dias de pulverização. Do estudo concluiu-se que o inseticida combinado Diafentiurão + Acetamipride@ 600g/ha foi o mais eficaz no controlo das pragas sugadoras, como a mosca branca e os tripes do algodão.

Hugar *et al.* (2020) Foram realizadas experiências de campo sobre a avaliação da eficácia de um combiproduto Diafenthiuron 30%+Pyriproxyfen 8% SE contra moscas brancas no algodão. Os dados agrupados de duas estações como impacto de três pulverizações sobre o controlo revelaram a maior redução no tratamento Diafenthiuron 30%+ Pyriproxyfen 8% SE@ 1200ml/ha seguido de 1000 ml/ha, 800ml/ha é o mesmo em relação ao aumento percentual do rendimento. A redução foi menor com Diafenthiuron 30%+ Pyriproxyfen 8% SE@ 600ml/ha. O rácio custo-benefício incremental líquido foi mais elevado com Diafenthiuron 30%+ Pyriproxyfen 8% SE a 1000ml/ha (1: 2,03) seguido de 1200ml/ha (1: 1,64) e 800ml/ha (1: 1,33). Assim, Diafenthiuron 30% + Pyriproxyfen 8% SE a 1000ml/ha pode ser usado para a gestão de moscas brancas sem qualquer efeito fitotóxico nas plantas.

Balikai e Mallapur (2021) realizaram experiências de campo para avaliar a bioeficácia do produto combinado Belt Expert 480 SC (Flubendiamida 24% + Tiaclopride 24% SC p/v) contra lagartas e o complexo de pragas sugadoras da grama preta. Os resultados revelaram que duas pulverizações do produto combinado Belt Expert 480 SC (Flubendiamida 24% p/v + Tiaclopride 24% p/v SC) @ 250 mL/ha registaram uma menor incidência de broca das vagens

(4,54%) com maior rendimento de sementes (9,13 q/ha) seguido de Belt Expert 480 SC (Flubendiamida 24% p/v + Tiaclopride 24% p/v SC) @ 200 mL/ha com incidência de broca das vagens de 5,47% e rendimento de sementes de 8,83 q/ha.

Berad *et al.* (2022) Foi efectuada uma experiência de campo para estudar a eficácia de Chlorantraniliprole 88%, Thiamethoxam 17,5% SC, Spinetorum 10% Sulfoxaflor WG. O clorantraniliprole 9,3% e a lambda-cialotrina 46% ZC foram considerados tratamentos significativos na redução do corpo de frutificação e dos danos locais. Estes tratamentos também registaram o maior rendimento de algodão em caroço em comparação com outros tratamentos.

Patidar *et al.* (2022) realizaram uma experiência para determinar a bioeficácia de insecticidas contra insectos sugadores, nomeadamente tripes *(Scirtothrips dorsalis),* mosca branca *(Bemisia tabaci*) e ácaros (*Polyphagotarsonemus*) na malagueta. Entre as diferentes combinações de insecticidas, o Etofenprox 6%+ Diafenthiuron 25% WG@ de 1250 g/ha revelou-se mais eficaz na redução da população de pragas sugadoras e também na produção de frutos de malagueta vermelha mais elevados (13,61 q/ha), seguido do Diafenthiuron 50% WP@ 600 g/ha e do Etofenprox 6%+ Diafenthiuron 25% WG@ 1000 g/ha.

Kalyan e Kalyan (2022) A experiência foi conduzida para avaliar a bioeficácia de diferentes doses de Cyantraniliprole 7,3% w/w + Diafenthiuron 36,4% w/w SC como pulverização foliar contra o complexo de pragas do quiabeiro. A população mínima de larvas (*Helicoverpa armigera*) e os danos nos frutos *(Erias*) também foram registados com Cyantraniliprole 7,3% p/p + Diafenthiuron 36,4% p/p SC@ 700 ml ha^{-1} com maior rendimento de frutos durante ambos os anos, seguido de Cyantraniliprole 7,3% p/p + Diafenthiuron 36,4% p/p SC@ 625 ml ha^{-1}.

Hugar e Udikeri (2022) Foram efectuadas duas experiências de campo para avaliar a eficácia do imidaclopride 6% + lambda-cialotrina 4% SL contra pragas sugadoras. Os resultados mostraram que a dose mais elevada de imidaclopride 6% + lambda-cialotrina 4% SL@ 500 ml/ha resultou numa redução das pragas sugadoras em comparação com o controlo não tratado. Foi igual à sua dose mais baixa@ 450 ml/ha. Não houve diferença significativa nas contagens de larvas e adultos de coccinelídeos e no número de crisopídeos. Assim, o imidaclopride 6% + lambda-cialotrina 4% SL pode ser utilizado para a gestão de pragas sugadoras sem qualquer efeito sobre insectos não visados.

Kalyan e Kalyan (2022) realizaram ensaios de campo para avaliar a bioeficácia de diferentes doses de Pyriproxyfen 8% + Clothianidin 3.5 SE como pulverização foliar contra pragas sugadoras do algodão. Os resultados da investigação revelaram que a molécula readymix de Pyriproxyfen 8% + Clothianidin 3.5 SE @ 1500ml e 1250 ml ha^{-1} foram muito eficazes na proteção contra pragas sugadoras de algodão *viz.* moscas brancas, jassídeos e tripes com maior rendimento médio de algodão em caroço (1986 & 1831 kg ha^{-1}, respetivamente) e foram estatisticamente iguais. Os próximos melhores tratamentos foram Diafenthiuron 50 WP @ 600 g ha^{-1}, seguido por Clothianidin 50 WDG @ 50 g ha^{-1}. Nenhum dos tratamentos apresentou qualquer sintoma de fitotoxicidade.

Kalyan e Kalyan (2022) As experiências de campo foram conduzidas para avaliar a eficácia de novas moléculas em combinação e isoladamente contra insectos nocivos do algodão (sugadores e bollworms). Os resultados revelaram que ambas as doses de sulfoxaflor 30% WG, *ou seja,* 437,5 e 375 -ml ha-1, foram consideradas muito eficazes contra os jassídeos com a maior percentagem de controlo. Considerando que, Pyriproxyfen 5% EC@ 750 ml ha^{-1} e Pyriproxyfen 5% EC + Fenpropathrin 15% EC@ 750 ml ha^{-1} foram considerados mais eficazes contra moscas brancas e também deram maior rendimento de algodão em caroço.

Avaliar a segurança da combinação de insecticidas contra insectos benéficos do algodão *Bt* em sistema de plantação de alta densidade

Zanwar *et al.* (2012) avaliaram a eficácia de certos neonicotinóides contra pragas sugadoras do algodão *Bt*. O desempenho dos neonicotinóides contra inimigos naturais foi considerado melhor em comparação com outros tratamentos. Significativamente, o maior rendimento de algodão em caroço (14,35 q/ha) foi registado em fipronil 40% SC e imidaclopride 200 SL @ 100 ml/ha seguido de fipronil 5% SC (12,58 q/ha) e imidaclopride 200 SL (11,84 q/ha).

Bharpoda *et al.* (2014) avaliaram nove insecticidas sintéticos contra cigarrinhas, moscas brancas, tripes e pulgões na variedade de algodão RCH-2 *Bt* (BG-II) durante três anos consecutivos, *ou seja,* 2009, 2010 e 2012. Entre os diferentes insecticidas, o imidaclopride 0,008% (7,50 pulgões e 1,47 moscas brancas/folha) e o tiametoxano 0,0125% (1,22 cigarrinhas/folha) foram mais eficazes e mais seguros para os inimigos naturais, nomeadamente *Chrysoperla carnea*, aranhas e coccinelídeos. O rendimento mais elevado de algodão em caroço (30,81 q/ha) foi obtido a partir de culturas tratadas com imidaclopride, seguido de tiametoxame (26,01 q/ha). A relação custo-benefício incremental mais elevada (1: 16,54) foi registada com o imidaclopride, seguido do acetamipride (11,06), do acefato (10,38) e do tiametoxame (7,05).

Bajya *et al.* (2015) avaliaram a eficácia do Ampligo 150 ZC (Chlorantraniliprole 9,3% + Lambda cyhalothrin 4,6% ZC) no algodão e descobriram que o Ampligo 150ZC a 37,5, 45 e 60 g *a.i/ha* foi altamente eficaz no controlo da população larvar de *Earias spp, Helicoverpa armigera e Pectinophora gossypiella* em comparação com outro controlo padrão Ampligo 150 ZC (30 g *a.i/ha*), clorantraniliprole 18.5 SC@ 30 g *a.i/ha*, quinalfos 25 EC@ 500 g *a.i/ha*, deltametrina 2.8 EC@ 12.5 g *a.i/ha* e lambdacyhalothrin 4.9 CS@ 25 g *a.i/ha*. Além disso, foi registada uma sequência de efeitos semelhante na redução significativa da percentagem de danos em quadrados, cápsulas e lóculos, bem como no rendimento elevado. Não houve diferença significativa na população de inimigos naturais entre o inseticida combinado, o inseticida padrão e o controlo não tratado.

De acordo com Surwase (2017), diafenthiuron 50% WG @ 300 g *a.i/ha* e imidacloprid 17.8 SL @ 25 g *a.i/ha* foram considerados mais eficazes na redução da população de pulgões. A incidência mínima de jassídeos foi encontrada em parcelas tratadas com dinotefuron 20% SG @ 200 g *a.i/ha*, seguido de flonicamid 50 WG @ 75 g *a.i/ha*. Os insecticidas fipronil 5%SC @ 50 g *a.i/ha* e dinotefurão 20% SG @ 200 g *a.i/ha* foram considerados mais eficazes contra tripes. Os insecticidas buprofezin 25 EC @ 250 g *a.i/ha*, fipronil 5%SC @ 50 g *a.i/ha* e diafenthiuron 50% WG @ 300 g *a.i/ha* foram considerados eficazes contra as moscas brancas. Os tratamentos insecticidas foram considerados comparativamente seguros para os inimigos naturais das pragas sugadoras do algodão.

Samanta *et al.* (2017) avaliaram o desempenho de um inseticida de mistura pronta, Alika 247 ZC (tiametoxame 12,6 por cento + lambda-cialotrina 9,5 por cento) em três doses diferentes contra tripes durante os meses de setembro-outubro de 2012 e 2013 em duas regiões agro-climáticas diferentes de cultivo de chá, *ou seja,* Terai e Dooars de Bengala Ocidental. O resultado revelou que no local I, Alika 247 ZC @33 g *a.i.* ha^{-1} foi o melhor tratamento na redução de tripes (98,42 e 98,54 por cento de redução). Enquanto que, no local II, os valores correspondentes foram 98,98 e 99,20% de redução da população de tripes. O Alika 247 ZC também foi relativamente seguro para os predadores naturais importantes encontrados no ecossistema do chá

Bhamare e Wadnerkar (2018) Efeito de combinações de insecticidas mais recentes (acetamipride + cipermetrina, acetamipride + quinalfos e acetamipride + clorpirifos), juntamente com os seus únicos homólogos, nos danos causados pelo complexo de bollworms no algodão, nos danos nas cápsulas e nos lóculos, o seu efeito nos inimigos naturais e no rendimento. Os resultados revelaram que os tratamentos combinados de acetamipride + quinalfos (40+2000) g, acetamipride + clorpirifos (40+2000) g e acetamipride + cipermetrina (40+2000) g *a.i.*/ha foram significativamente superiores na redução dos danos causados pelos bollworms e no aumento do rendimento do algodão em caroço por hectare. O produto combinado (acetamipride + quinalfos 40+2000 g *a.i.*/ha) reduz os danos causados pelo complexo de bollworms e também apresenta o maior rendimento de algodão. O resultado global conclui que todas as combinações tiveram um melhor desempenho do que as suas contrapartes individuais.

Ghosal *et al.* (2018) Estudaram a bioeficácia de alguns novos insecticidas e misturas de tanques contra a mosca branca no algodão. Entre as misturas de insecticidas utilizadas, Spiromesifen + Imidacloprid foi considerado superior na redução da contagem da população de mosca branca (2,24 por três folhas) em comparação com 13,95 por três folhas na parcela não tratada e relativamente menos tóxico para coccinelídeos e população de aranhas.

Patel (2018) Foi realizada uma experiência de campo durante duas épocas em 20152017 sobre a eficácia da flubendiamida 24+ tiaclopride 24 SC contra as principais pragas de insectos da grama negra. Foram aplicadas três doses diferentes do referido novo inseticida para determinar a quantidade necessária para controlar os insectos da grama-preta. Os outros tratamentos foram duas doses diferentes de flubendiamida 39,35 SC, uma dose única de cada um dos insecticidas tiaclopride 21,7 SC, clorantraniliprole 18,5 SC e quinalfos 25 EC e controlo sem tratamento. Também se registou um efeito prejudicial negligenciável da fauna de inimigos naturais, o que indicou que o produto era comparativamente seguro para utilização no blackgram.

Sangamithra *et al.* (2018) A presente experiência de campo para avaliar a bioeficácia da flubendiamida 24% p/v+ tiaclopride 24% sc p/v contra a broca do rebento e do fruto e as pragas sugadoras e a sua segurança para organismos não visados na beringela foi realizada durante julho-outubro de 2015 e janeiro-maio de 2016. Os resultados revelaram que, entre os tratamentos, a flubendiamida 24% + tiaclopride 24% SC p/v@ 84+ 84 g *a.i* ha^{-1} teve uma redução incrível de brocas e frutos e pragas sugadoras e também foi considerada relativamente mais segura para organismos não visados, como aranhas e coccinelídeos.

Javalage *et al.* (2019) investigaram a eficácia de novos insecticidas contra as principais pragas sugadoras e o efeito nos seus inimigos naturais do algodão *Bt* BG II. O resultado revelou que o imidaclopride 17,8 SL foi mais eficaz contra o manejo de pragas sugadoras, como a população de pulgões, jassídeos e tripes. Por outro lado, o fipronil 5 SC e o acefato 75 SP reduziram igualmente a população de afídeos. O tiametoxame 25 WG foi superior contra as moscas brancas. O imidaclopride 17,8 SL, o acetamipride 20 SP e o tiametoxame 25 WG não só se revelaram eficazes contra os jassídeos como também menos tóxicos para a população de escaravelho, crisopa e aranhas.

Manu *et al.* (2019) Foi realizada uma experiência de campo para avaliar a bioeficácia do Econeem Plus® contra moscas brancas no algodão. Sete tratamentos compreendendo Econeem Plus® em diferentes concentrações viz., 2, 2,5 e 3ml / L, combinação de Econeem Plus® + Ecospread® em 2 + 0,5 ml / L, 2,5 + 0,5 ml / L e 3 + 0,5 ml / L. Estes foram comparados com um controlo não tratado (pulverização de água) e avaliados. Os resultados revelaram que o Econeem Plus® é eficaz contra a mosca branca do algodão nas dosagens de 2,5 e 3 ml/L. A adição de Ecospread a 0,5 ml aumenta a taxa de eficácia. A percentagem de redução de moscas brancas aos 10 dias após a primeira e segunda pulverização mostra que, Econeem Plus® a 3ml/L+ Ecospread a 0,5 ml/L resultou numa redução de 78,1% e 84,9% em relação ao controlo, respetivamente. O estudo de fitotoxicidade também revela que o produto é seguro e controla apenas a praga alvo, *ou seja*, a mosca branca do algodão.

Hugar *et al.* (2020) Foram realizadas experiências de campo sobre a avaliação da eficácia de um combiproduto Diafenthiuron 30%+Pyriproxyfen 8% SE contra moscas brancas no algodão. Os dados agrupados de duas épocas como impacto de três pulverizações sobre o controlo revelaram a maior redução no tratamento Diafenthiuron 30%+ Pyriproxyfen 8% SE@ 1200ml/ha seguido de 1000 ml/ha, 800ml/ha é o mesmo em relação ao aumento percentual do rendimento. A redução foi menor com Diafenthiuron 30%+ Pyriproxyfen 8% SE@ 600ml/ha. O rácio custo-benefício incremental líquido foi mais elevado com Diafenthiuron 30%+ Pyriproxyfen 8% SE a 1000ml/ha (1: 2,03) seguido de 1200ml/ha (1: 1,64) e 800ml/ha (1: 1,33). Assim, Diafenthiuron 30%+ Pyriproxyfen 8% SE a 1000ml/ha pode ser usado para a gestão de moscas brancas sem qualquer efeito fitotóxico nas plantas e inimigos naturais.

Balikai e Mallapur (2021) As experiências de campo foram realizadas para avaliar a bioeficácia do produto combinado Belt Expert 480 SC (Flubendiamida 24% + Tiaclopride 24% SC p/v) contra lagartas e o complexo de pragas sugadoras da grama preta e a sua segurança para organismos não visados. Os resultados revelaram que duas pulverizações do produto combinado Belt Expert 480 SC (Flubendiamida 24% p/v + Tiaclopride 24% p/v SC) @ 250 mL/ha registaram uma menor incidência de broca da vagem (4,54%) com maior rendimento de sementes (9.13 q/ha) seguido por Belt Expert 480 SC (Flubendiamide 24% p/v + Thiacloprid 24% p/v SC) @ 200 mL/ha com incidência de broca de vagem de 5,47% e rendimento de sementes de 8,83 q/ha e provou ser mais seguro para inimigos naturais.

Hugar e Udikeri (2022) Foram efectuadas duas experiências de campo para avaliar a eficácia do imidaclopride 6% + lambda-cialotrina 4% SL contra pragas sugadoras do algodão. Os resultados mostraram que a dose mais elevada de imidaclopride 6% + lambda-cialotrina 4% SL@ 500 ml/ha resultou numa redução das pragas sugadoras em comparação com o controlo não tratado. Foi igual à sua dose mais baixa@ 450 ml/ha. Não houve diferença significativa nas contagens de larvas e adultos de coccinelídeos e no número de crisopídeos. Assim, o imidaclopride 6% + lambda-cialotrina 4% SL pode ser utilizado para a gestão de pragas sugadoras sem qualquer efeito sobre insectos não visados.

CAPÍTULO III

MATERIAIS E MÉTODOS

Durante a *kharif* 2021-22, foi conduzida uma experiência de campo sobre a bioeficácia da combinação de insecticidas contra insectos pragas do algodão *Bt* em sistema de plantação de alta densidade. Os pormenores sobre o material experimental utilizado, os procedimentos adoptados e as técnicas utilizadas ao longo da experiência são descritos em subcapítulos.

Localização da experiência

A experiência de campo foi realizada durante a *kharif* 2021-22 no Departamento de Entomologia, Vasantrao Naik Marathwada Krishi Vidyapeeth, Parbhani, que está localizado a 19^0 16' de latitude norte e 76^0 47' de longitude leste a uma altitude de 408,50 metros acima do nível médio do mar.

Condições climáticas

O clima em Parbhani é subtropical. A precipitação média anual é de cerca de 800-900 mm, caindo a maior parte entre junho e setembro. A temperatura varia entre 11 ^{0}C e 43 ^{0}C, com uma humidade relativa de 30 a 90 por cento. Os dados meteorológicos foram obtidos no observatório meteorológico, VNMKV, Parbhani.

Tipo de solo

O ensaio de investigação foi conduzido em solo de algodão preto típico bem drenado, com profundidade média e com um nível uniforme de fertilidade com pH de 7,03 a 8,01.

Material experimental

As alfaias necessárias para a realização de operações interculturais como a lavoura, a sacha, a monda, a irrigação e outros factores de produção como sementes de algodão, paus de madeira, corda, etiquetas, insecticidas, fertilizantes, pulverizador de mochila, recipientes de plástico, luvas, cilindro de medição, balde, máquina de pesagem foram obtidos no Departamento de Entomologia, Vasantrao Naik Marathwada Krishi Vidyapeeth, Parbhani.

PRÁTICAS AGRONÓMICAS

Preparação do terreno

O campo experimental foi preparado por lavoura, trituração de torrões e gradagem cruzada antes da sementeira para obter uma inclinação fina do solo e um campo limpo sem restolhos. Em seguida, a parcela experimental foi montada de acordo com um projeto estatístico.

Esquema da experiência

Oito tratamentos foram replicados três vezes no campo experimental, que foi disposto em um projeto de blocos aleatórios. O tamanho bruto da parcela foi de 5,4 x 4,8m e o espaçamento foi de 90cm x 30cm.

Semeadura

A marcação das linhas foi efectuada com uma corda atada a cada 90 cm de espaçamento entre linhas. A sementeira da parcela experimental foi feita no dia 1 de julho de 2022, utilizando sementes da variedade de algodão NHH44, diblando duas a três sementes por colina a uma profundidade de cerca de 4-5 cm a um espaçamento de 90cm x 30cm e uma fina camada de solo no topo.

Aplicação de fertilizantes

Foi aplicado o fertilizante recomendado 100:60:60 NPK por hectare. A aplicação de ureia foi feita na dose de 120 kg por hectare um mês após a germinação das sementes.

Sachas e mondas

Para erradicar as ervas daninhas, aumentar o arejamento do solo e conservar a humidade do solo, foram realizadas actividades de sacha e monda atempadas, de acordo com as recomendações.

Detalhes experimentais

Bioeficácia de combinações de insecticidas contra insectos pragas do algodão *Bt* em sistema de plantação de alta densidade.

Foi realizada uma experiência de campo sobre a **bioeficácia de combinações de insecticidas contra insectos nocivos do algodão *Bt* em sistema de plantação de alta densidade** na quinta de investigação do Departamento de Entomologia, Vasantrao Naik Marathwada Krishi Vidyapeeth, Parbhani, durante a *kharif* 2021-22.

Detalhes experimentais

1.	Cultura:	Algodão *Bt*
2.	Ano e estação :	2022 (*Kharif*)
3.	Conceção experimental :	RBD
4.	Número de réplicas :	Três
5.	Dimensão bruta da parcela :	5,4x 4,8m
6.	Nome da variedade :	NHH44
7.	Número de tratamentos :	8
8.	Espaçamento :	90cm x 30cm
9.	Distância entre duas réplicas :	1.0m
10.	Distância entre duas parcelas :	1.0m
11.	Data de sementeira :	01.07.2022
12.	Data das pulverizações :	31 de agosto, 20 de setembro, 11 de outubro

Quadro 3.1 Pormenores do tratamento

Tr. No.	Detalhes do tratamento	Dosagem/ha
T1	Fipronil 4% + Acetamipride 4% SC	1000ml
T2	Pyriproxifen 5% + Fenpropathrin 15% CE	500ml
T3	Acefato 50% + Imidaclloprida 1,8% SP	1000ml
T4	Cipermetrina 3% + Quinalfos 20% CE	1000ml
T5	Cloropirifos 50% + Cipermetrina 5% CE	1000ml
T6	Indoxacarbe 14,5% + Acetamipride 7,7% SC	400ml
T7	Tiametoxame 12,6% + Lamdaci-halotrina 9,5% ZC	200ml
T8	Controlo não tratado	

Aplicação de tratamentos:

O primeiro tratamento de pulverização foi aplicado após dois meses de sementeira na ETL de pragas sugadoras e as duas pulverizações subsequentes foram aplicadas com um intervalo de 21 dias. A solução de pulverização foi preparada medindo a quantidade necessária de insecticidas em água.

Método de registo das observações:

As observações das principais pragas foram registadas em cinco plantas selecionadas ao acaso em cada parcela. As observações pré-tratamento foram feitas um dia antes de cada pulverização e as observações pós-tratamento foram feitas 3, 7 e 14 dias após cada pulverização de inseticida.

Pragas de insectos sugadores

As observações de pragas de insectos sugadores, nomeadamente afídeos, jassídeos, tripes e mosca branca, foram registadas em cinco plantas selecionadas aleatoriamente um dia antes, 3, 7 e 14 dias após cada pulverização. As observações foram registadas através da contagem do número de insectos presentes numa folha superior, média e inferior de cada planta.

Complexo de bollworms

População larvar do bollworm americano

A população de larvas do bollworm americano foi registada em cinco plantas selecionadas aleatoriamente de cada parcela, um dia antes, 3, 7 e 14 dias após cada pulverização.

Danos nos corpos de frutificação causados por bollworms

Contou-se o número total de corpos de frutificação [botões, flores, quadrados, cápsulas e material de queda] de cinco plantas selecionadas ao acaso e registaram-se os danos provocados pelo bollworm, procurando orifícios de entrada nos botões, quadrados, cápsulas e material de queda. A percentagem foi calculada utilizando a seguinte fórmula.

$$\text{Percentagem de danos nos corpos de frutificação verdes} = \frac{\text{Damaged fruiting bodies}}{\text{Total green fruiting bodies}} \times 100$$

Flores em roseta devido ao bollworm cor-de-rosa

O número total de flores e de flores danificadas pelo bollworm rosa (flores em roseta) foi contado aos 60, 90 e 120 dias após a sementeira (DAS) em cinco plantas selecionadas aleatoriamente de cada parcela. A percentagem foi calculada de acordo com a seguinte fórmula.

$$\text{Percentagem de flores em roseta} = \frac{\text{Damaged flowers}}{\text{Total number of flowers}} \times 100$$

População larvar do bollworm rosa

A população larvar de *Pectinophora gossypiella* foi registada através da dissecação aleatória de 20 cápsulas verdes de cada parcela aos 90, 120 e 150 dias após a sementeira (DAS).

Danos nas cápsulas verdes devido ao complexo de bollworms

Os danos nas cápsulas verdes devido ao complexo de bollworms foram registados em 20 cápsulas verdes de cada parcela aos 90, 120 e 150 dias após a sementeira (DAS). A percentagem foi calculada utilizando a seguinte fórmula.

$$\text{Percentagem de danos nas cápsulas verdes} = \frac{\text{No of damaged green bolls}}{\text{Total number of green bolls observed}} \times 100$$

Danos na cápsula aberta e nos lóculos

Na altura de cada colheita, o número de cápsulas abertas, de lóculos danificados e de BOB foi registado em cinco plantas selecionadas aleatoriamente de cada parcela. A percentagem foi calculada através da seguinte fórmula.

$$\text{Percentagem de danos nas cápsulas abertas} = \frac{\text{BOBs}}{\text{Total opened bolls}} \times 100$$

$$\text{Percentagem de danos nos lóculos} = \frac{\text{No of damaged locules}}{\text{Total number of locules}} \times 100$$

Número total de lóculos

Rendimento do algodão em caroço

Foram efectuadas três colheitas de algodão em caroço e o rendimento do algodão em caroço de cada parcela foi calculado em quintais por hectare.

Avaliar a segurança da combinação de insecticidas contra insectos benéficos do algodão *Bt* em sistema de plantação de alta densidade.

As populações de inimigos naturais foram registadas em cinco plantas selecionadas aleatoriamente um dia antes, 3, 7 e 14 dias após cada pulverização. Foi registado o número de inimigos naturais por planta, ou seja, joaninhas, crisopídeos verdes e aranhas.

Rácio custo-benefício incremental (ICBR)

O ICBR é uma avaliação final a ter em conta para comparar diferentes tratamentos e escolher o mais económico. O ICBR é o rácio entre as despesas adicionais da aplicação do tratamento e o lucro líquido. Baseia-se no rendimento total do algodão em caroço em termos de rupias por hectare e no custo dos factores de produção, incluindo os tratamentos, a mão de obra e o custo de aplicação.

3.9 Análise estatística:

Os dados foram calculados em média e transformados antes da análise. Os dados foram analisados estatisticamente através da análise padrão dos métodos de variância sugeridos por Panse e Sukhatme (1967). A variância devida ao tratamento foi comparada com a variância devida ao erro para testar as hipóteses nulas através do teste "F" de significância a p= 0,05.

LAYOUT

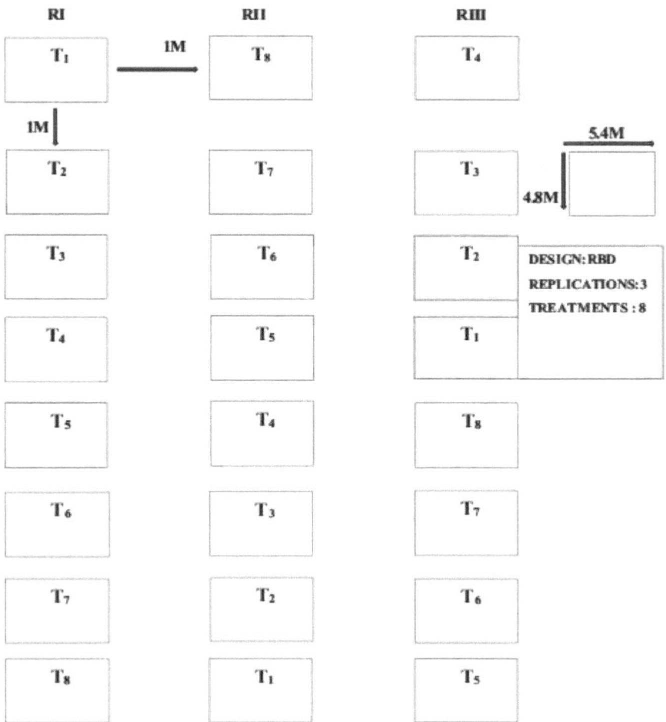

Placa 1: Operações de sementeira e de pulverização no campo

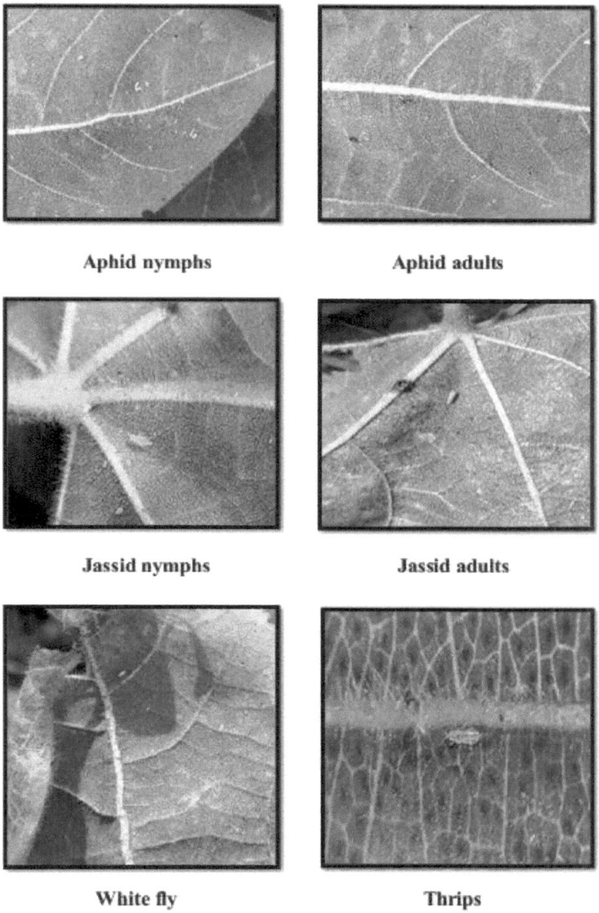

Ninfas de afídeos Adultos de afídeos
Ninfas de Jassid Adultos de Jassid
Mosca branca Tripes
Placa 2: Pragas sugadoras do algodão *Bt*

Flor em roseta Dano quadrado
Furos Danos na cápsula verde
Danos na cápsula aberta Danos nos lóculos
Placa 3: Infestação devido ao complexo de bollworms no algodão *Bt*

Lady bird beetle grub and adult

Spider

Green lacewing

Larva e adulto do escaravelho das aves

Aranha

Lacewing verde

Placa 4: Inimigos naturais no algodão *Bt*

CAPÍTULO IV

RESULTADOS E DISCUSSÃO

Os resultados da bioeficácia da combinação de insecticidas contra as principais pragas de insectos do algodão *Bt* em sistema de plantação de alta densidade e a segurança da combinação de insecticidas contra insectos benéficos são comunicados e discutidos neste capítulo sob os seguintes pontos.

Bioeficácia da combinação de insecticidas contra as principais pragas de insectos do algodão *Bt* em sistema de plantação de alta densidade.

Pragas sugadoras

Afídeos (*Aphis gossypii* Glover)

Os dados relativos à bioeficácia da combinação de insecticidas contra os afídeos do algodão (afídeos por três folhas) em sistema de plantação de alta densidade após pulverização são apresentados nos quadros 4.1 e 4.2 e representados nas figuras 4.1 e 4.3

Os resultados revelaram que todos os insecticidas foram significativamente superiores à testemunha não tratada na redução da população de pulgões do algodão aos 3, 7 e 14 dias após a aplicação dos insecticidas e que as observações de pré-contagem antes de cada pulverização não foram significativas.

Terceiro dia após a primeira pulverização

A população mais baixa de pulgões (1,74) foi documentada no tratamento tiametoxame 12,6% + lambda-cialotrina 9,5% ZC por cento de parcelas tratadas, que foi igual a indoxacarbe 14,5% + acetamipride 7,7% SC (2,01), acefato 50% + imidaclopride 1,8% SP (2,09), fipronil 4% + acetamipride 4% SC (2.18), cloropirifos 50% + cipermetrina 5% CE (2,23), seguido de cipermetrina 3% + quinalfos 20% CE (2,50) e piriproxifena 5% + fenpropartrina 15% CE (2,73) apresentaram resultados menos eficazes em comparação com os tratamentos acima referidos e foram iguais entre si.

Sétimo dia após a primeira pulverização

A população mais baixa de pulgões (0,75) foi documentada no tratamento tiametoxame 12,6% + lambda-cialotrina 9,5% ZC, que foi estatisticamente igual a indoxacarbe 14,5% + acetamipride 7,7% SC (0,86), seguido por acefato 50% + imidaclopride 1,8% SP (1,03) e fipronil 4% + acetamipride 4% SC (1,12), que foram iguais entre si. Os tratamentos seguintes, cloropirifos 50% + cipermetrina 5% CE (1,44), cipermetrina 3% + quinalfos 20% CE (1,63) e piriproxifena 5% + fenpropartrina 15% CE (1,72), apresentaram resultados menos eficazes e foram iguais entre si.

Tabela 4.1: Eficácia de diferentes combinações de insecticidas contra afídeos em sistema de plantação de alta densidade em algodão *Bt* durante a primeira pulverização

N.º de registo	Tratamento	Dosagem/ha	Nº de pulgões / 3 folhas			
			Primeira pulverização			
			PTC	3DAS	7DAS	14DAS
T1	Fipronil 4% + Acetamipride 4% SC	1000ml	10.24 (3.20)	2.18 (1.48)	1.12 (1.06)	4.89 (2.21)
T2	Piriproxifeno 5% + Fenpropatrina 15% CE	500ml	9.91 (3.15)	2.73 (1.65)	1.72 (1.31)	5.68 (2.38)
T3	Acefato 50% + Imidacloprida 1,8% SP	1000ml	10.16 (3.19)	2.09 (1.44)	1.03 (1.01)	4.54 (2.13)

T4	Cipermetrina 3% + Quinalfos 20% CE	1000ml	9.59 (3.10)	2.50 (1.58)	1.63 (1.28)	5.50 (2.35)
T5	Cloropirifos 50% + Cipermetrina 5% CE	1000ml	9.50 (3.08)	2.23 (1.49)	1.44 (1.20)	5.07 (2.25)
T6	Indoxacarbe 14,5% + Acetamipride 7,7% SC	400ml	10.00 (3.16)	2.01 (1.42)	0.86 (0.93)	4.44 (2.11)
T7	Tiametoxame 12,6% + Lambda-cialotrina 9,5% ZC	200ml	10.10 (3.18)	1.74 (1.32)	0.75 (0.87)	4.38 (2.09)
T8	Controlo não tratado		11.00 (3.32)	6.69 (2.59)	2.73 (1.65)	6.18 (2.49)
	SE(m)±		0.12	0.08	0.09	0.1
	CD a 5%		0.37	0.23	0.12	0.3
	CV (%)		NS	8.12	13.27	6.36

*Os valores entre parêntesis são valores transformados \x-0,5

Décimo quarto dia após a primeira pulverização

A população mais baixa de pulgões (4,38) foi documentada no tratamento tiametoxame 12,6% + lambda-cialotrina 9,5% ZC, que foi estatisticamente igual ao indoxacarbe 14,5% + acetamipride 7,7% SC (4.44), acefato 50% + imidaclopride 1,8% SP (4,54) e fipronil 4% + acetamipride 4% SC (4,89), seguidos de cloropirifos 50% + cipermetrina 5% CE (5,07), cipermetrina 3% + quinalfos 20% CE (5,50) e

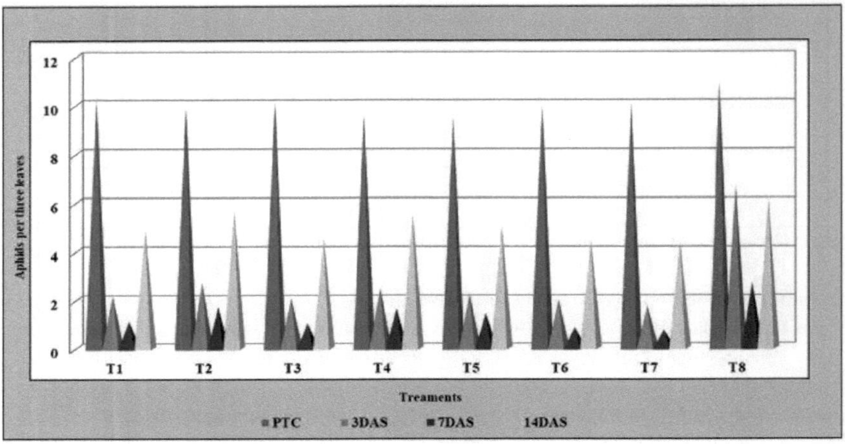

Fig: 4.1 Eficácia de diferentes combinações de insecticidas contra afídeos em sistema de plantação de alta densidade em algodão *Bt* durante a primeira pulverização.

pyriproxyfen 5% + fenproparthrin 15% EC (5,68) foram estatisticamente iguais entre si.

Terceiro dia após a segunda pulverização

A menor população de pulgões (1,63) foi registada no tratamento tiametoxame 12,6% + lambda-cialotrina 9,5% ZC por cento das parcelas tratadas, o que foi igual ao indoxacarbe 14,5% + acetamipride 7,7% SC (1,73), acefato 50% + imidaclopride 1,8% SP (1,95), fipronil 4% + acetamipride 4% SC (2.10), e cloropirifos 50% + cipermetrina 5% CE (2,16), seguido de cipermetrina 3% + quinalfos 20% CE (2,32) e piriproxifeno 5% + fenpropartrina 15% CE (2,54) mostraram resultados menos eficazes em comparação com os tratamentos acima e foram estatisticamente iguais entre si.

Sétimo dia após a segunda pulverização

A menor população de pulgões (3,23) foi registada no tratamento tiametoxame 12,6% + lambda-cialotrina 9,5% ZC por cento de parcelas tratadas, que foi igual ao indoxacarbe 14,5% + acetamipride 7,7% SC (3,36), acefato 50% + imidaclopride 1,8% SP (3.54), fipronil 4% + acetamipride 4% SC (3,63), cloropirifos 50% + cipermetrina 5% CE (3,90), e cipermetrina 3% + quinalfos 20% CE (3,97) na minimização da população de afídeos, seguido de piriproxifeno 5% + fenpropartrina 15% CE (4,33).

Décimo quarto dia após a segunda pulverização

A menor população de pulgões (4,13) foi registada no tratamento tiametoxame 12,6% + lambda-cialotrina 9,5% ZC por cento das parcelas tratadas, o que foi igual ao indoxacarbe 14.5% + acetamipride 7,7% SC (4,25), acefato 50% + imidaclopride 1,8% SP (4,30), fipronil 4% + acetamipride 4% SC (4,46), cloropirifos 50% + cipermetrina 5% CE (4,67), cipermetrina

Quadro 4.2: Eficácia de diferentes combinações de insecticidas contra afídeos em sistema de plantação de alta densidade em algodão *Bt* durante a segunda e terceira pulverizações

N.º de registo	Tratamento	Dosagem/ha	Nº de pulgões / 3 folhas							
			Segunda pulverização				Terceira pulverização			
			PTC	3DAS	7DAS	14DAS	PTC	3DAS	7DAS	14DAS
Ti	Fipronil 4% + Acetamipride 4% SC	1000ml	6.15 (2.48)	2.10 (1.45)	3.63 (1.91)	4.46 (2.11)	5.77 (2.40)	2.00 (1.41)	1.67 (1.29)	2.78 (1.67)
T2	Piriproxifeno 5% + Fenpropatrina 15% CE	500ml	6.80 (2.61)	2.54 (1.59)	4.33 (2.08)	4.78 (2.19)	6.86 (2.62)	2.30 (1.52)	1.92 (1.39)	3.10 (1.76)
T3	Acefato 50% + Imidacloprida 1,8% SP	1000ml	5.98 (2.45)	1.95 (1.40)	3.54 (1.88)	4.30 (2.07)	5.67 (2.38)	1.99 (1.41)	1.56 (1.25)	2.63 (1.62)
T4	Cipermetrina 3% + Quinalfos 20% CE	1000ml	6.72 (2.59)	2.32 (1.52)	3.97 (1.99)	4.70 (2.17)	6.35 (2- 52)	2.26 (1.50)	1.86 (1.36)	3.09 (1.76)
T5	Cloropirifos 50% + Cipermetrina 5% CE	1000ml	6.45 (2.54)	2.16 (1.47)	3.90 (1.97)	4.67 (2.16)	5.96 (2.44)	2.10 (1.45)	1.69 (1.30)	2.84 (1.69)
T6	Indoxacarbe 14,5% + Acetamipride 7,7% SC	400ml	5.74 (2.40)	1.73 (1.32)	3.36 (1.83)	4.25 (2.06)	5.48 (2.34)	1.89 (1.37)	1.47 (1.21)	2.57 (1.60)
T7	Tiametoxame 12,6% + Lambda-cialotrina 9,5% ZC	200ml	5.56 (2.36)	1.63 (1.28)	3.23 (1.80)	4.13 (2.03)	5.24 (2.29)	1.80 (1.34)	1.29 (1.14)	2.40 (1.55)
T8	Controlo não tratado		7.47 (2.73)	5.20 (2.28)	6.00 (2.45)	6.43 (2.54)	7.17 (2.68)	6.00 (2.45)	2.5 (1.58)	4.60 (2.14)
	SE(m)±		0.09	0.08	0.09	0.07	0.10	0.05	0.05	0.06
	CD a 5%		0.29	0.23	0.28	0.2	0.31	0.16	0.16	0.19
	CV (%)		NS	8.52	8.04	5.28	NS	5.78	7.01	6.15

*Os valores entre parêntesis são valores transformados Vx+0,5

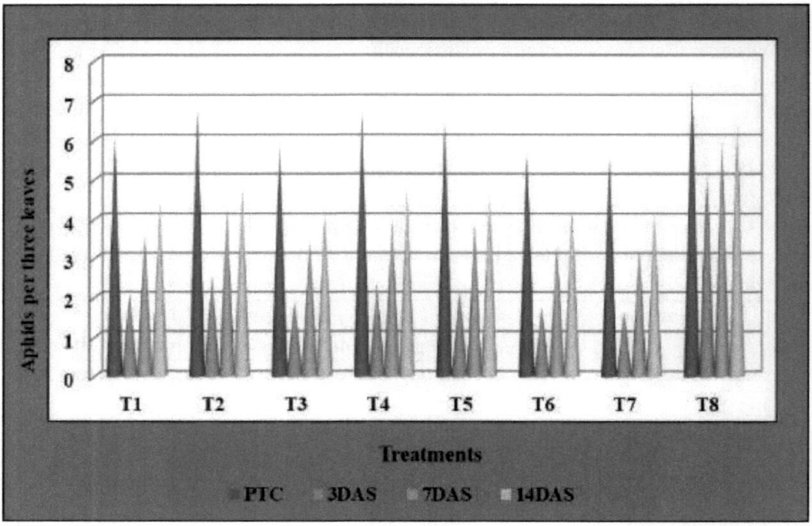

Fig: 4.2 Eficácia de diferentes combinações de insecticidas contra afídeos em sistema de plantação de alta densidade em algodão *Bt* durante a segunda pulverização.

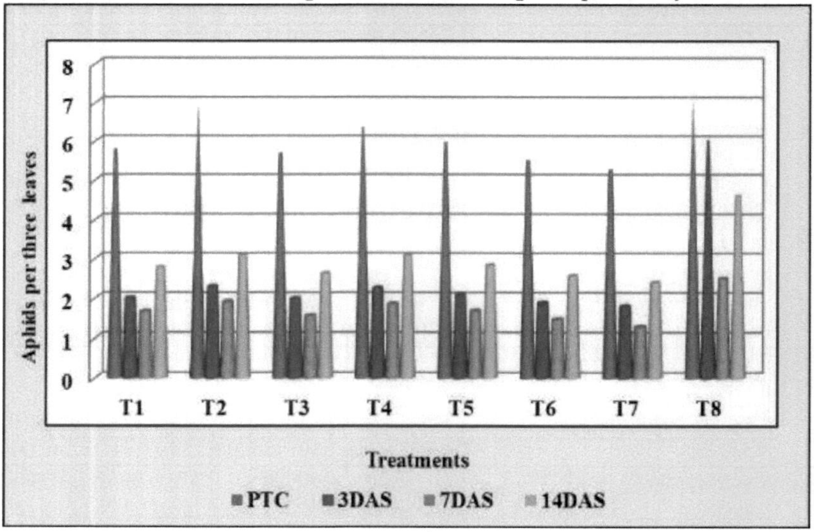

Fig: 4.3 Eficácia de diferentes combinações de insecticidas contra afídeos em sistema de plantação de alta densidade em algodão *Bt* durante a terceira pulverização.

3% + quinalfos 20% CE (4,70) e pyriproxyfen 5% + fenproparthrin 15% CE (4,78) na minimização da população de afídeos.

Terceiro dia após a terceira pulverização

A menor população de pulgões (1,80) foi registada no tratamento tiametoxame 12,6% +

lambda-cialotrina 9,5% ZC por cento das parcelas tratadas e foi estatisticamente igual ao indoxacarbe 14,5% + acetamipride 7,7% SC (1,89), acefato 50% + imidaclopride 1.8% SP (1,99), fipronil 4% + acetamipride 4% SC (2,00), cloropirifos 50% + cipermetrina 5% CE (2,10) e cipermetrina 3% + quinalfos 20% CE (2,26) na minimização da população de pulgões, seguido de piriproxifeno 5% + fenpropartrina 15% CE (2,30).

Sétimo dia após a terceira pulverização

A menor população de pulgões (1,29) foi registada no tratamento tiametoxame 12,6% + lambda-cialotrina 9,5% ZC por cento de parcelas tratadas, o que foi igual ao indoxacarbe 14,5% + acetamipride 7,7% SC (1,47), acefato 50% + imidaclopride 1,8% SP (1,56), fipronil 4% + acetamipride 4% SC (1.67), e cloropirifos 50% + cipermetrina 5% CE (1,69), seguido de cipermetrina 3% + quinalfos 20% CE (1,86) e piriproxifena 5% + fenpropartrina 15% CE (1,92) apresentaram resultados menos eficazes em comparação com os tratamentos acima referidos e foram iguais entre si.

Décimo quarto dia após a terceira pulverização

A menor população de pulgões (2,40) foi registada no tratamento tiametoxame 12,6% + lambda-cialotrina 9,5% ZC por cento de parcelas tratadas, o que foi igual ao indoxacarbe 14,5% + acetamipride 7,7% SC (2,57), acefato 50% + imidaclopride 1,8% SP (2,63), fipronil 4% + acetamipride 4% SC (2.78), e cloropirifos 50% + cipermetrina 5% CE (2,84), seguido de cipermetrina 3% + quinalfos 20% CE (3,09) e piriproxifeno 5% + fenpropartrina 15% CE (3,10) apresentaram resultados menos eficazes em comparação com os tratamentos acima referidos e foram estatisticamente iguais entre si.

Jassídeos (*Amrasca bigutula bigutula* Ishida)

Os dados relativos à bioeficácia das combinações de insecticidas contra os jassídeos do algodão (Jassídeos por três folhas) após as pulverizações são apresentados nos quadros 4.3 a 4.4 e representados nas figuras 4.4 a 4.6.

Os resultados revelaram que todos os insecticidas foram significativamente superiores à testemunha não tratada na redução da população de pulgões do algodão aos 3, 7 e 14 dias após a aplicação dos insecticidas e que as observações pré-contagem antes de cada pulverização não foram significativas.

Terceiro dia após a primeira pulverização

A menor população de jassídeos (1,74) foi registada no tratamento tiametoxame 12,6% + lambda-cialotrina 9,5% ZC por cento de parcelas tratadas e foi igual ao indoxacarbe 14,5% + acetamipride 7,7% SC (1,80), acefato 50% + imidaclopride 1.8% SP (1,83), fipronil 4% + acetamipride 4% SC (1,90), cloropirifos 50% + cipermetrina 5% CE (2,10), cipermetrina 3% + quinalfos 20% CE (2,55) seguido de piriproxifena 5% + fenpropartrina 15% CE (2,78).

Sétimo dia após a primeira pulverização

A menor população de jassídeos (1,53) foi registada no tratamento tiametoxame 12,6% + lambda-cialotrina 9,5% ZC por cento de parcelas tratadas, o que foi igual ao indoxacarbe 14,5% + acetamipride 7,7% SC (1,64), acefato 50% + imidaclopride 1.8% SP (1,67), fipronil 4% + acetamipride 4% SC (1,69), cloropirifos 50% + cipermetrina 5% CE (1,73), cipermetrina 3% + quinalfos 20% CE (1,95) e piriproxifeno 5% + fenpropartrina 15% CE (1,99) na minimização da população de jassídeos.

Décimo quarto dia após a primeira pulverização

A menor população de jassídeos (3,85) foi registada no tratamento tiametoxame 12,6% + lambda-cialotrina 9,5% ZC por cento das parcelas tratadas e foi igual aos tratamentos seguintes indoxacarbe 14,5% + acetamipride 7,7% SC (3.91), acefato 50% + imidaclopride

1,8% SP (4,01), fipronil 4% + acetamipride 4% SC (4,34), e cloropirifos 50% + cipermetrina 5% CE (4,4) seguido de cipermetrina 3% + quinalfos 20% CE (4,86) e piriproxifena 5% + fenpropartrina 15% CE (4,94).

Terceiro dia após a segunda pulverização

A menor população de jassídeos (2,01) foi registada no tratamento tiametoxame 12,6% + lambda-cialotrina 9,5% ZC por cento de parcelas tratadas, o que foi igual aos tratamentos eficazes seguintes indoxacarbe 14,5% + acetamipride 7,7% SC (2,10), acefato 50% + imidaclopride 1,8% SP (2,18), fipronil 4% + acetamipride 4% SC (2,28), cloropirifos 50% + cipermetrina

Tabela 4.3: Eficácia de diferentes combinações de insecticidas sobre jassídeos em sistema de plantação de alta densidade em algodão *Bt* durante a primeira pulverização

N.º de registo	Tratamento	Dosagem/ha	N.º de Jassids / 3 folhas			
			Primeira pulverização			
			PTC	3DAS	7DAS	14DAS
Ti	Fipronil 4% + Acetamipride 4% SC	1000ml	5.49 (2.34)	1.90 (1.38)	1.69 (1.30)	4.34 (2.08)
T2	Piriproxifeno 5% + Fenpropatrina 15% CE	500ml	4.85 (2.20)	2.78 (1.67)	1.99 (1.41)	4.94 (2.22)
T3	Acefato 50% + Imidacloprida 1,8% SP	1000ml	5.29 (2.30)	1.83 (1.35)	1.67 (1.29)	4.01 (2.00)
T4	Cipermetrina 3% + Quinalfos 20% CE	1000ml	4.95 (2.22)	2.55 (1.60)	1.95 (1.40)	4.86 (2.20)
T5	Cloropirifos 50% + Cipermetrina 5% CE	1000ml	5.14 (2.27)	2.10 (1.45)	1.73 (1.32)	4.4 (2.10)
T6	Indoxacarbe 14,5% + Acetamipride 7,7% SC	400ml	5.59 (2.36)	1.80 (1.34)	1.64 (1.28)	3.91 (1.98)
T7	Tiametoxame 12,6% + Lambda-cialotrina 9,5% ZC	200ml	4.86 (2.20)	1.74 (1.32)	1.53 (1.24)	3.85 (1.96)
T8	Controlo não tratado		5.33 (2.31)	5.60 (2.37)	3.17 (1.78)	5.42 (2.33)
	SE(m)±		0.09	0.1	0.09	0.07
	CD a 5%		0.27	0.3	0.28	0.22
	CV (%)		NS	7.17	11.58	6.02

*Os valores entre parêntesis são valores transformados \x-0,5

5% CE (2,42), e cipermetrina 3% + quinalfos 20% CE (2,75). O tratamento seguinte, piriproxifena 5% + fenpropartrina 15% CE (2,95), apresentou resultados menos eficazes.

Sétimo dia após a segunda pulverização

A menor população de jassídeos (2,29) foi registada no tratamento tiametoxame 12,6% + lambda-cialotrina 9,5% ZC por cento das parcelas tratadas foi estatisticamente igual a indoxacarbe 14,5% + acetamipride 7,7% SC (2,42), acefato 50% + imidaclopride 1.8% SP (2,56), fipronil 4% + acetamipride 4% SC (2,78), cloropirifos 50% + cipermetrina 5% CE (2,87) na minimização da população de jassídeos, seguido de cipermetrina 3% + quinalfos 20% CE (3,23) e piriproxifeno 5% + fenpropartrina 15% CE (3,46).

Décimo quarto dia após a segunda pulverização

A menor população de jassídeos (2,95) foi registada no tratamento tiametoxame 12,6% + lambda-cialotrina 9,5% ZC por cento das parcelas tratadas, o que foi igual ao indoxacarbe 14,5% + acetamipride 7,7% SC (3,19), acefato 50% + imidaclopride 1.8% SP (3,36), Fipronil 4% + Acetamipride 4% SC (3,52) seguido de cloropirifos 50% + cipermetrina 5% CE (3,80), cipermetrina 3% + quinalfos 20% CE (4,21) e piriproxifena 5% + fenpropartrina 15% CE (4,43).

Terceiro dia após a terceira pulverização

A menor população de jassídeos (1,87) foi registada no tratamento tiametoxame 12,6% + lambda-cialotrina 9,5% ZC por cento das parcelas tratadas foi estatisticamente igual aos tratamentos indoxacarbe 14,5% + acetamipride 7,7% SC (1,99), acefato 50% + imidaclopride 1,8% SP (2,07), fipronil 4% + acetamipride 4% SC (2.12), e cloropirifos 50% + cipermetrina 5% CE (2,17) na minimização da população de jassídeos, seguido por cipermetrina 3% + quinalfos 20% CE (2,64) e piriproxifeno 5% + fenpropartrina 15% CE (2,79) mostraram resultados menos eficazes em comparação com os tratamentos acima e foram iguais entre si.

Sétimo dia após a terceira pulverização

A menor população de jassídeos (1,43) foi registada no tratamento tiametoxame 12,6% + lambda-cialotrina 9,5% ZC por cento de parcelas tratadas, o que foi igual ao indoxacarbe 14,5% + acetamipride 7,7% SC (1,59), acefato 50% + imidaclopride 1.8% SP (1,68), fipronil 4% + acetamipride 4% SC (1,71), cloropirifos 50% + cipermetrina 5% CE (1,79), cipermetrina 3% + quinalfos 20% CE (1,89) e piriproxifeno 5% + fenpropartrina 15% CE (1,93) na minimização da população de jassídeos.

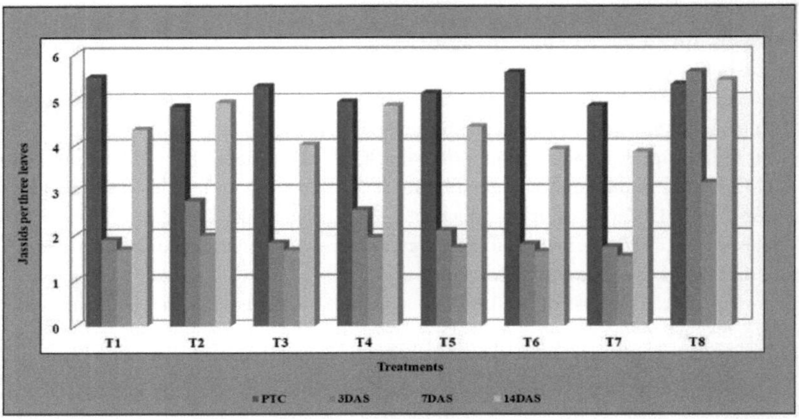

Fig: 4.4 Eficácia de diferentes combinações de insecticidas sobre os jassídeos em sistema de plantação de alta densidade em algodão *Bt* durante a primeira pulverização

Tabela 4.4: Eficácia de diferentes combinações de insecticidas sobre jassídeos em sistema de plantação de alta densidade em algodão *Bt* durante a segunda e terceira pulverizações

N.º de registo	Tratamento	Dosagem/ha	N.º de Jassids / 3 folhas							
			Segunda pulverização				Terceira pulverização			
			PTC	3DAS	7DAS	14DAS	PTC	3DAS	7DAS	14DAS
Ti	Fipronil 4% + Acetamipride 4% SC	1000ml	5.22 (2.28)	2.28 (1.51)	2.78 (1.67)	3.52 (1.88)	4.15 (2.04)	2.12 (1.46)	1.71 (1.31)	1.33 (1.15)
T2	Piriproxifeno 5% + Fenpropatrina 15% CE	500ml	5.79 (2.41)	2.95 (1.72)	3.46 (1.86)	4.43 (2.10)	5.14 (2.27)	2.79 (1.67)	1.93 (1.39)	1.76 (1.33)
T3	Acefato 50% + Imidaclopride 1,8% SP	1000ml	5.05 (2.25)	2.18 (1.48)	2.56 (1.60)	3.36 (1.83)	3.93 (1.98)	2.07 (1.44)	1.68 (1.30)	1.29 (1.14)
T4	Cipermetrina 3% +	1000ml	5.72	2.75	3.23	4.21	4.84	2.64	1.89	1.67

	Quinalfos 20% CE		(2.39)	(1.66)	(1.80)	(2.05)	(2.20)	(1.62)	(1.37)	(1.29)
T_5	Cloropirifos 50% + Cipermetrina 5% CE	1000ml	5.70 (2.39)	2.42 (1.55)	2.87 (1.69)	3.80 (1.95)	4.37 (2.09)	2.17 (1.47)	1.79 (1.34)	1.41 (1.19)
T6	Indoxacarbe 14,5% + Acetamipride 7,7% SC	400ml	4.94 (2.22)	2.10 (1.45)	2.42 (1.56)	3.19 (1.79)	3.88 (1.97)	1.99 (1.41)	1.59 (1.26)	1.26 (1.12)
T_7	Tiametoxame 12,6% + Lambda-cialotrina 9,5% ZC	200ml	4.83 (2.20)	2.01 (1.42)	2.29 (1.51)	2.95 (1.72)	3.86 (1.96)	1.87 (1.37)	1.43 (1.20)	1.20 (1.10)
T_8	Controlo não tratado		6.33 (2.52)	5.44 (2.33)	5.55 (2.36)	5.87 (2.42)	6.25 (2.50)	5.64 (2.37)	2.98 (1.73)	2.30 (1.52)
	SE(m)±		0.10	0.09	0.07	0.07	0.13	0.08	0.07	0.04
	CD a 5%		0.30	0.26	0.23	0.22	0.19	0.24	0.2	0.14
	CV (%)		NS	9.15	7.35	6.42	NS	8.69	8.52	6.29

*Os valores entre parêntesis são valores transformados Vx+0,5

Décimo quarto dia após a terceira pulverização

A menor população de jassídeos (1,20) foi registada no tratamento tiametoxame 12,6% + lambda-cialotrina 9,5% ZC por cento das parcelas tratadas, a par de indoxacarbe 14,5% + acetamipride 7,7% SC (1,26), acefato 50% + imidaclopride 1,8% SP (1,29), fipronil 4% + acetamipride 4% SC (1.33), cloropirifos 50% + cipermetrina 5% CE (1,41) na minimização da população de jassídeos e foram estatisticamente iguais entre si, seguidos por cipermetrina 3% + quinalfos 20% CE (1,67) e piriproxifeno 5% + fenpropartrina 15% CE (1,76).

Tripes (*Thrips tabaci* Lindeman)

Os dados relativos à bioeficácia das combinações de insecticidas contra o tripes do algodão (tripes por três folhas) após a pulverização são apresentados nos quadros 4.5 a 4.6 e representados nas figuras 4.7 a 4.9.

Os resultados revelaram que todos os insecticidas foram significativamente superiores à testemunha não tratada na redução da população de tripes do algodão aos 3, 7 e 14 dias após a aplicação dos insecticidas e que as observações pré-contagem antes de cada pulverização não foram significativas.

Terceiro dia após a primeira pulverização

A população mais baixa de tripes foi registada no tratamento fipronil 4% + acetamipride 4% SC, com o valor de (5,10), que foi estatisticamente igual aos tratamentos tiametoxame 12,6% + lambda-cialotrina 9,5% ZC (5,19), indoxacarbe 14,5% + acetamipride 7,7% SC (5.26), acefato 50% + imidaclopride 1,8% SP (5,33), cloropirifos 50% + cipermetrina 5% CE (5,45), cipermetrina 3% + quinalfos 20% CE (5,72) e piriproxifena 5% + fenpropartrina 15% CE (6,10) na redução da população de tripes e todos foram estatisticamente iguais entre si.

Sétimo dia após a primeira pulverização

A população mais baixa de tripes foi registada no tratamento fipronil 4% + acetamipride 4% SC ao som de (3,68), que foi estatisticamente igual ao hiametoxame 12,6% + lambda-cialotrina 9,5% ZC (3,75), indoxacarbe 14,5% + acetamipride 7,7% SC (3,86), acefato 50% + imidaclopride 1,8% SP (3,99),

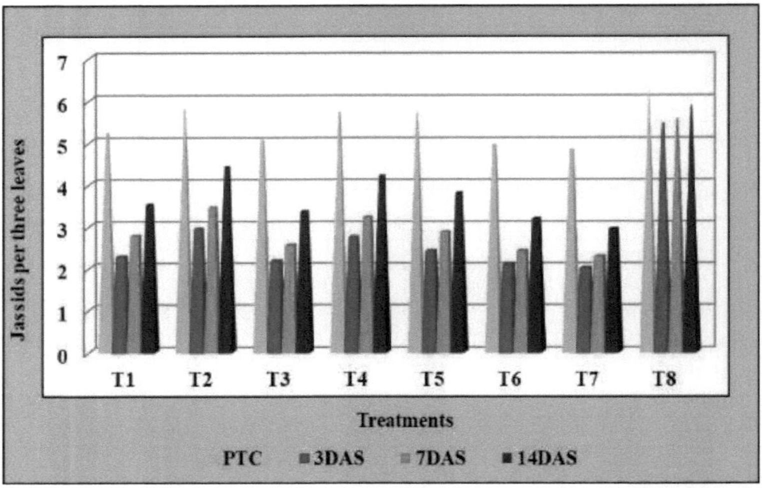

Fig: 4.5 Eficácia de diferentes combinações de insecticidas sobre os jassídeos em sistema de plantação de alta densidade em algodão *Bt* durante a segunda pulverização

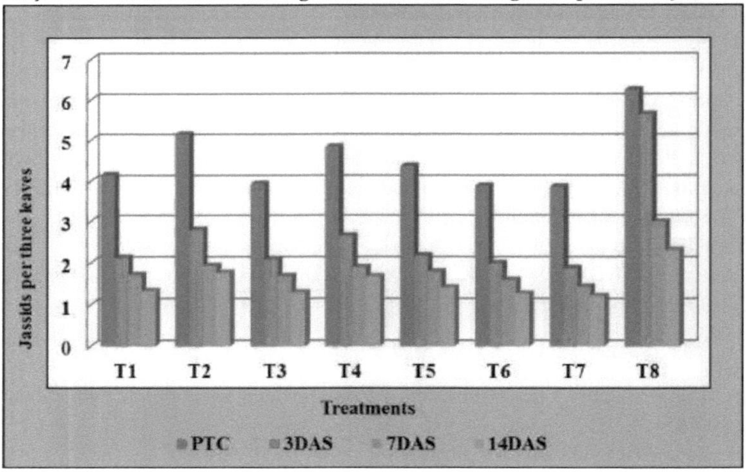

Fig: 4.6: Eficácia de diferentes combinações de insecticidas sobre os jassídeos em sistema de plantação de alta densidade em algodão *Bt* durante a terceira pulverização

cloropirifos 50% + cipermetrina 5% CE (4,27), cipermetrina 3% + quinalfos 20% CE (4,48) e piriproxifeno 5% + fenpropartrina 15% CE (4,53) na redução da população de thrips e todos foram estatisticamente iguais entre si.

Quadro 4.5: Eficácia de diferentes combinações de insecticidas contra tripes em sistema de plantação de alta densidade em algodão *Bt* durante a primeira pulverização

Tr. Não	Tratamento	Dosagem/ ha	N.º de tripes / 3 folhas			
			Primeira pulverização			
			PTC	3DAS	7DAS	14DAS

T1	Fipronil 4% + Acetamipride 4% SC	1000ml	13.24 (3.64)	5.10 (2.26)	3.68 (1.92)	6.33 (2.52)
T2	Piriproxifeno 5% + Fenpropatrina 15% CE	500ml	11.54 (3.40)	6.10 (2.47)	4.53 (2.13)	7.34 (2.71)
T3	Acefato 50% + Imidacloprida 1,8% SP	1000ml	12.24 (3.50)	5.33 (2.31)	3.99 (2.00)	6.64 (2.58)
T4	Cipermetrina 3% + Quinalfos 20% CE	1000ml	12.46 (3.53)	5.72 (2.39)	4.48 (2.12)	7.27 (2.70)
T5	Cloropirifos 50% + Cipermetrina 5% CE	1000ml	13.43 (3.66)	5.45 (2.33)	4.27 (2.07)	6.83 (2.61)
T6	Indoxacarbe 14,5% + Acetamipride 7,7% SC	400ml	14.10 (3.75)	5.26 (2.29)	3.86 (1.96)	6.45 (2.54)
T7	Tiametoxame 12,6% + Lambda-cialotrina 9,5% ZC	200ml	12.06 (3.47)	5.19 (2.28)	3.75 (1.94)	6.39 (2.53)
T8	Controlo não tratado		14.24 (3.77)	9.29 (3.05)	5.81 (2.41)	9.25 (3.04)
	SE(m)±		0.12	0.1	0.09	0.1
	CD a 5%		0.37	0.3	0.26	0.3
	CV (%)		NS	7.17	7.16	6.36

*Os valores entre parêntesis são valores transformados \x-0,5

Décimo quarto dia após a primeira pulverização

A população mais baixa de tripes foi registada no tratamento fipronil 4% + acetamipride 4% SC, com um valor de (6,33), que foi estatisticamente igual a tiametoxame 12,6% + lambda-cialotrina 9,5% ZC (6,39), indoxacarbe 14,5% + acetamipride 7,7% SC (6.45), acefato 50% + imidaclopride 1,8% SP (6,64), cloropirifos 50% + cipermetrina 5% CE (6,83), cipermetrina 3% + quinalfos 20% CE (7,27) e piriproxifena 5% + fenpropartrina 15% CE (7,34) na redução da população de tripes e todos foram estatisticamente iguais entre si.

Terceiro dia após a segunda pulverização

A população mais baixa de tripes foi registada no tratamento fipronil 4% + acetamipride 4% SC, com um valor de (4,39), que foi estatisticamente igual a tiametoxame 12,6% + lambda-cialotrina 9,5% ZC (4,51), indoxacarbe 14,5% + acetamipride 7,7% SC (4.65), acefato 50% + imidaclopride 1,8% SP (4,83), cloropirifos 50% + cipermetrina 5% CE (5,17), cipermetrina 3% + quinalfos 20% CE (5,41) e piriproxifena 5% + fenpropartrina 15% CE (5,56) na redução da população de tripes e todos foram estatisticamente iguais entre si.

Sétimo dia após a segunda pulverização

A população mais baixa de tripes foi registada no tratamento fipronil 4% + acetamipride 4% SC, com um valor de (5,41), que foi estatisticamente igual ao do tiametoxame 12,6% + lambdacyhalothrin 9,5% ZC (5,58), indoxacarbe 14,5% + acetamipride 7,7% SC (5.63), acefato 50% + imidaclopride 1,8% SP (5,83), cloropirifos 50% + cipermetrina 5% CE (5,99), cipermetrina 3% + quinalfos 20% CE (6,37) e piriproxifena 5% + fenpropartrina 15% CE (6,49) na redução da população de tripes e todos foram estatisticamente iguais entre si.

Décimo quarto dia após a segunda pulverização

A população mais baixa de tripes foi registada no tratamento fipronil 4% + acetamipride 4% SC, com um valor de (6,23), que foi estatisticamente igual ao do tiametoxame 12,6% +

lambda-cialotrina 9,5% ZC (6,45), indoxacarbe 14,5% + acetamipride 7,7% SC (6,57), acefato 50% + imidaclopride 1,8% SP (6.97), cloropirifos 50% + cipermetrina 5% CE (7,04), cipermetrina 3% + quinalfos 20% CE (7,65) na redução da população de tripes e todos foram estatisticamente iguais entre si, seguidos por piriproxifeno 5% + fenpropartrina 15% CE (7,84), que mostrou o resultado menos eficaz em comparação com os tratamentos acima.

Terceiro dia após a terceira pulverização

A população mais baixa de tripes foi registada no tratamento fipronil 4% + acetamipride 4% SC com o valor de (3,75), que foi estatisticamente igual a tiametoxame 12,6% + lambda-cialotrina 9,5% ZC (3,97), indoxacarbe 14,5% + acetamipride 7.7% SC (4,05), acefato 50% + imidaclopride 1,8% SP (4,08), cloropirifos 50% + cipermetrina 5% CE (4,32), cipermetrina 3% + quinalfos 20% CE (4,52) e piriproxifena 5% + fenpropartrina 15% CE (4,73) na redução da população de tripes.

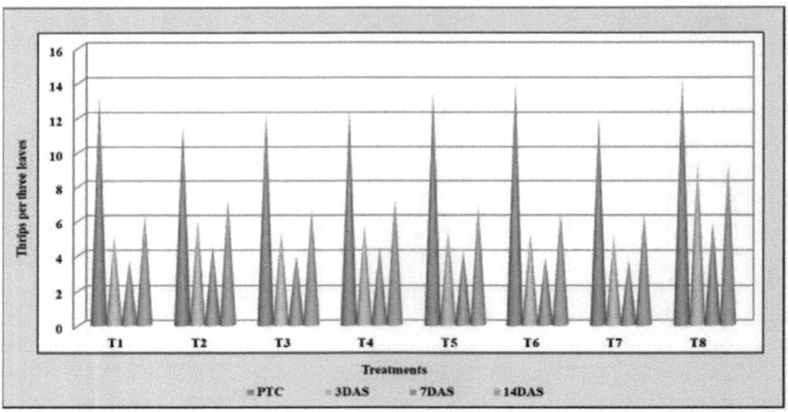

Fig 4.7 Eficácia de diferentes combinações de insecticidas contra tripes em sistema de plantação de alta densidade em algodão *Bt* durante a primeira pulverização

Tabela 4.6: Eficácia de diferentes combinações de insecticidas contra tripes em sistema de plantação de alta densidade em algodão *Bt* durante a segunda e terceira pulverizações

N.º de registo	Tratamento	Dosagem/ha	N.º de tripes / 3 folhas	
			Segunda pulverização	Terceira pulverização

			PTC	**3DAS**	**7DAS**	**14DAS**	**PTC**	**3DAS**	**7DAS**	**14DAS**
Ti	Fipronil 4% + Acetamipride 4% SC	1000ml	7.36 (2.71)	4.39 (2.10)	5.41 (2.33)	6.23 (2.50)	7.56 (2.75)	3.75 (1.94)	3.22 (1.80)	3.09 (1.76)
T2	Piriproxifeno 5% + Fenpropatrina 15% CE	500ml	8.48 (2.91)	5.56 (2.36)	6.49 (2.55)	7.84 (2.80)	8.94 (2.99)	4.73 (2.17)	4.01 (2.00)	3.81 (1.95)
T_3	Acefato 50% + Imidacloprida 1,8% SP	1000ml	7.75 (2.78)	4.83 (2.20)	5.83 (2.41)	6.97 (2.64)	7.94 (2.82)	4.08 (2.02)	3.49 (1.87)	3.37 (1.84)
T_4	Cipermetrina 3% + Quinalfos 20% CE	1000ml	8.23 (2.87)	5.41 (2.33)	6.37 (2.52)	7.65 (2.77)	8.84 (2.97)	4.52 (2.13)	3.83 (1.96)	3.72 (1.93)
T_5	Cloropirifos 50% + Cipermetrina 5% CE	1000ml	7.96 (2.82)	5.17 (2.27)	5.99 (2.45)	7.04 (2.65)	8.21 (2.87)	4.32 (2.08)	3.58 (1.89)	3.48 (1.85)
T6	Indoxacarbe 14,5% + Acetamipride 7,7% SC	400ml	7.52 (2.74)	4.65 (2.16)	5.63 (2.37)	6.57 (2.56)	7.81 (2.79)	4.05 (2.01)	3.33 (1.83)	3.24 (1.80)
T_7	Tiametoxame 12,6% + Lambda-cialotrina 9,5% ZC	200ml	7.44 (2.73)	4.51 (2.12)	5.58 (2.36)	6.45 (2.54)	7.72 (2.78)	3.97 (1.99)	3.29 (1.81)	3.17 (1.78)
T_8	Controlo não tratado		9.50 (3.08)	8.97 (2.99)	9.42 (3.07)	9.87 (3.14)	10.30 (3.21)	7.30 (2.70)	5.21 (2.28)	5.03 (2.24)
	SE(m)±		0.10	0.1	0.1	0.1	0.11	0.08	0.09	0.09
	CD a 5%		0.30	0.29	0.31	0.31	0.33	0.24	0.27	0.29
	CV (%)		NS	7.19	7.03	6.5	NS	6.49	8.05	8.65

*Os valores entre parêntesis são valores transformados Vx+0,5

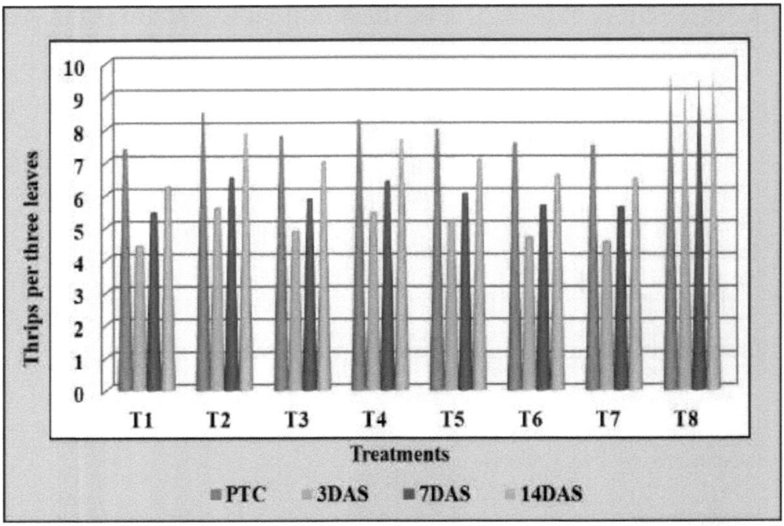

Fig 4.8 Eficácia de diferentes combinações de insecticidas contra tripes em sistema de plantação de alta densidade em algodão *Bt* durante a segunda pulverização

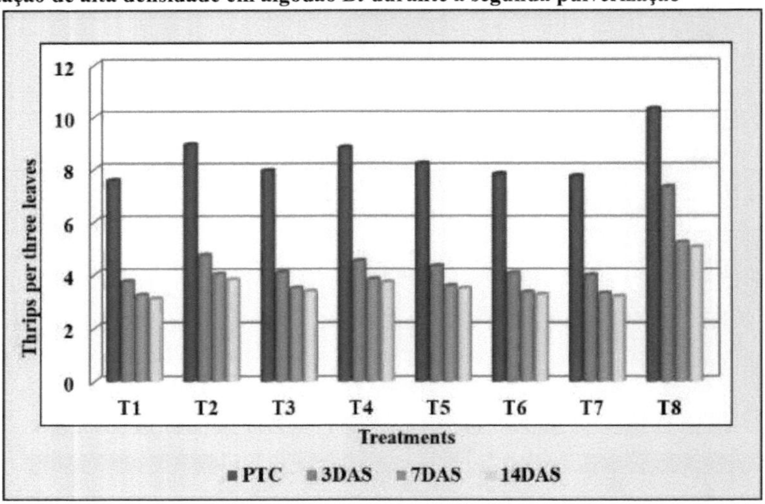

Fig 4.9 Eficácia de diferentes combinações de insecticidas contra tripes em sistema de plantação de alta densidade em algodão *Bt* durante a terceira pulverização

Sétimo dia após a terceira pulverização

A população mais baixa de tripes foi registada no tratamento fipronil 4% + acetamipride 4% SC, com um valor de (3,22) que foi estatisticamente igual ao do tiametoxame 12,6% + lambda-cialotrina 9,5% ZC (3,29), indoxacarbe 14,5% + acetamipride 7.7% SC (3,33), acefato 50% + imidaclopride 1,8% SP (3,49), cloropirifos 50% + cipermetrina 5% CE (3,58), cipermetrina 3% + quinalfos 20% CE (3,83) e piriproxifena 5% + fenpropartrina 15% CE

(4,01) na redução da população de tripes.

Décimo quarto dia após a terceira pulverização

A população mais baixa de tripes foi registada no tratamento fipronil 4% + acetamipride 4% SC, com um valor de (3,09), que foi estatisticamente igual ao do tiametoxame 12,6% + lambda-cialotrina 9,5% ZC (3,17), indoxacarbe 14,5% + acetamipride 7.7% SC (3,24), acefato 50% + imidaclopride 1,8% SP (3,37), cloropirifos 50% + cipermetrina 5% CE (3,48), cipermetrina 3% + quinalfos 20% CE (3,72) e piriproxifena 5% + fenpropartrina 15% CE (3,81) na redução da população de tripes.

Mosca branca (*Bemisia tabaci* Gennadius)

Os dados relativos à bioeficácia da combinação de insecticidas contra a mosca branca do algodão (mosca branca por três folhas) em sistema de plantação de alta densidade após pulverização são apresentados nos quadros 4.7 a 4.8 e representados nas figuras 4.10 a 4.12

Os resultados revelaram que todos os insecticidas foram significativamente superiores ao controlo não tratado na redução da população de mosca branca do algodão aos 3, 7 e 14 dias após a aplicação dos insecticidas e que as observações de pré-contagem antes de cada pulverização não foram significativas.

Terceiro dia após a primeira pulverização

A população mais baixa de mosca branca (0,84) foi registada no tratamento com tiametoxame 12,6% + lambda-cialotrina 9,5% ZC por cento de parcelas tratadas, que foi estatisticamente igual ao indoxacarbe 14,5% + acetamipride 7,7% SC (0,95), acefato 50% + imidaclopride 1.8% SP (1,07), cloropirifos 50% + cipermetrina 5% CE (1,18) e fipronil 4% + acetamipride 4% SC (1,21) na minimização da população de mosca branca seguida por cipermetrina 3% + quinalfos 20% CE (1,33) e piriproxifeno 5% + fenpropartrina 15% CE (1,45).

Quadro 4.7: Eficácia de diferentes combinações de insecticidas contra a mosca branca em sistema de plantação de alta densidade em algodão *Bt* durante a primeira pulverização

N.º de registo	Tratamento	Dosagem/ha	N.º de moscas brancas / 3 folhas			
			Primeira pulverização			
			PTC	3DAS	7DAS	14DAS
T1	Fipronil 4% + Acetamipride 4% SC	1000ml	1.23 (1.11)	1.21 (1.10)	0.57 (0.74)	1.26 (1.12)
T2	Piriproxifeno 5% + Fenpropatrina 15% CE	500ml	1.43 (1.20)	1.45 (1.20)	0.75 (0.87)	1.47 (1.21)
T3	Acefato 50% + Imidacloprida 1,8% SP	1000ml	1.36 (1.17)	1.07 (1.03)	0.34 (0.58)	1.05 (1.02)
T4	Cipermetrina 3% + Quinalfos 20% CE	1000ml	1.86 (1.36)	1.33 (1.15)	0.69 (0.83)	1.39 (1.18)
T5	Cloropirifos 50% + Cipermetrina 5% CE	1000ml	2.21 (1.49)	1.18 (1.09)	0.46 (0.64)	1.17 (1.08)
T6	Indoxacarbe 14,5% + Acetamipride 7,7% SC	400ml	1.73 (1.32)	0.95 (0.97)	0.26 (0.51)	0.97 (0.98)
T7	Tiametoxame 12,6% + Lambda-cialotrina 9,5% ZC	200ml	2.13 (1.46)	0.84 (0.92)	0.19 (0.44)	0.89 (0.94)
T8	Controlo não tratado		1.64	1.64	1.32	2.10

			(1.28)	(1.28)	(1.15)	(1.45)
	SE(m)±		0.1	0.07	0.05	0.05
	CD a 5%		0.3	0.2	0.15	0.16
	CV (%)		NS	10.53	12.18	8.35

*Os valores entre parêntesis são valores transformados \x-0,5

Sétimo dia após a primeira pulverização

A população mais baixa de mosca branca (0,19) foi registada no tratamento tiametoxame 12,6% + lambda-cialotrina 9,5% ZC por cento de parcelas tratadas, que foi igual a indoxacarbe 14,5% + acetamipride 7,7% SC (0,26), e acefato 50% + imidaclopride 1,8% SP (0,34) seguido de cloropirifos 50% + cipermetrina 5% CE (0.46) e fipronil 4% + acetamipride 4% SC (0,57) na minimização da população de mosca branca e ambos foram estatisticamente iguais entre si, seguidos por cipermetrina 3% + quinalfos 20% CE (0,69) e piriproxifeno 5% + fenpropartrina 15% CE (0,75) foram iguais entre si.

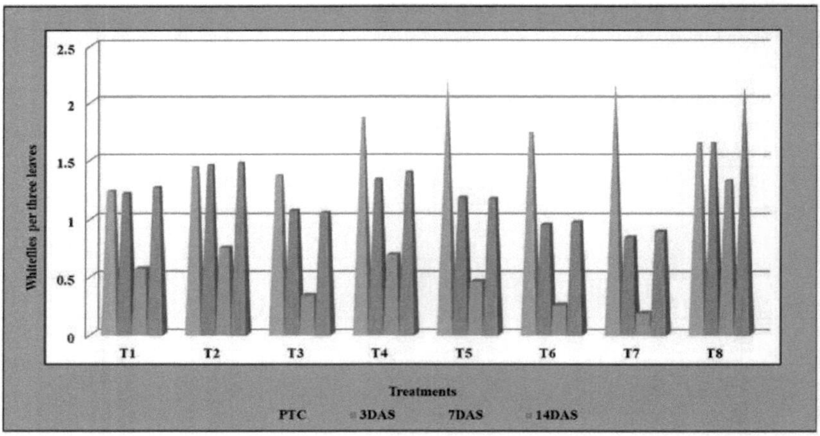

Fig 4.10 Eficácia de diferentes combinações de insecticidas contra a mosca branca em sistema de plantação de alta densidade em algodão *Bt* durante a primeira pulverização

Décimo quarto dia após a primeira pulverização

A população mais baixa de moscas brancas (0,89) foi registada no tratamento tiametoxame 12,6% + lambda-cialotrina 9,5% ZC por cento, que foi igual a indoxacarbe 14,5% + acetamipride 7,7% SC (0,97), acefato 50% + imidaclopride 1,8% SP (1,05) e cloropirifos 50% + cipermetrina 5% CE (1.17) seguido de fipronil 4% + acetamipride 4% SC (1,26), cipermetrina 3% + quinalfos 20% CE (1,39) e piriproxifeno 5% + fenpropartrina 15% CE (1,47) na minimização da população de mosca branca e foram estatisticamente iguais entre si.

Terceiro dia após a segunda pulverização

A população mais baixa de mosca branca (0,56) foi registada no tratamento tiametoxame 12,6% + lambda-cialotrina 9,5% ZC, que estava a par com indoxacarbe 14,5% + acetamipride 7,7% SC (0,70) e acefato 50% + imidaclopride 1,8% SP (0,80), seguido de cloropirifos 50% + cipermetrina 5% CE (0.85), fipronil 4% + acetamipride 4% SC (1,00) e cipermetrina 3% + quinalfos 20% CE (1,10) na minimização da população de mosca branca e foram estatisticamente iguais entre si, seguidos de piriproxifeno 5% + fenpropartrina 15% CE (1,29) na redução da população de mosca branca.

Sétimo dia após a segunda pulverização

A população mais baixa de moscas brancas (0,95) foi registada no tratamento tiametoxame 12,6% + lambda-cialotrina 9,5% ZC, que foi igual ao indoxacarbe 14,5% + acetamipride 7,7% SC (1,06), e acefato 50% + imidaclopride 1,8% SP (1.24) seguido de cloropirifos 50% + cipermetrina 5% CE (1,40), fipronil 4% + acetamiprida 4% SC (1,54), cipermetrina 3% + quinalfos 20% CE (1,54) e piriproxifeno 5% + fenpropartrina 15% CE (1,65) na redução da população de mosca branca e foram estatisticamente iguais entre si.

Quadro 4.8: Eficácia de diferentes combinações de insecticidas contra a mosca branca em sistema de plantação de alta densidade em algodão *Bt* durante a segunda e terceira pulverizações

N.º de registo	Tratamento	Dosagem/ha	N.º de moscas brancas / 3 folhas							
			Segunda pulverização				Terceira pulverização			
			PTC	3DAS	7DAS	14DAS	PTC	3DAS	7DAS	14DAS
Ti	Fipronil 4% + Acetamipride 4% SC	1000ml	1.88 (1-37)	1.00 (1.00)	1.54 (1.24)	1.56 (1.25)	1.86 (1.36)	0.89 (0.94)	0.74 (0.86)	0.32 (0.57)
T2	Piriproxifeno 5% + Fenpropatrina 15% CE	500ml	2.04 (1-43)	1.29 (1.14)	1.65 (1.28)	1.78 (1.33)	2.26 (1.50)	1.12 (1.06)	0.97 (0.98)	0.43 (0.65)
T3	Acefato 50% + Imidaclopride 1,8% SP	1000ml	1.61 (1.27)	0.80 (0.89)	1,24 (l.H)	1.31 (1.14)	1.59 (1.26)	0.68 (0.83)	0.45 (0.67)	0.19 (0.43)
T_4	Cipermetrina 3% + Quinalfos 20% CE	1000ml	2.01 (1.42)	1.10 (1.05)	1.54 (1.24)	1.64 (1.28)	1.96 (1.40)	0.98 (0.99)	0.81 (0.90)	0.37 (0.61)
T_5	Cloropirifos 50% + Cipermetrina 5% CE	1000ml	1.67 (1.29)	0.85 (0.92)	1.40 (1.18)	1.42 (1.19)	1.66 (1.29)	0.76 (0.87)	0.58 (0.76)	0.22 (0.47)
Tб	Indoxacarbe 14,5% + Acetamipride 7,7%	400ml	1.55 (1.24)	0.70 (0.84)	1.06 (1.03)	1.14 (1.07)	1.47 (1.21)	0.57 (0.76)	0.34 (0.59)	0.16 (0.40)

	SC									
T₇	Tiametoxame 12,6% + Lambda-cialotrina 9,5% ZC	200ml	1.45 (1.20)	0.56 (0.75)	0.95 (0.97)	1,02 (i.oi)	1.38 (1.17)	0.45 (0.67)	0.23 (0.48)	0.12 (0.35)
T₈	Controlo não tratado		2.84 (1.69)	2.50 (1.58)	3.21 (1.79)	3.35 (1.83)	3.81 (1.95)	3.56 (1.89)	1.23 (l.H)	0.43 (0.66)
	SE(m)±		0.10	0.05	0.06	0.07	0.11	0.06	0.05	0.02
	CD a 5%		0.29	0.16	0.19	0.2	0.31	0.18	0.14	0.06
	CV (%)		NS	8.78	8.66	8.97	NS	10.46	9.9	6.87

*Os valores entre parêntesis são valores transformados Vx+0,5

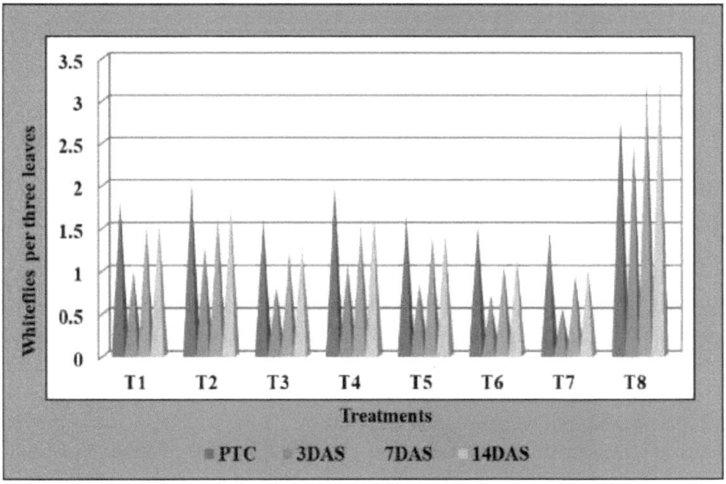

Fig 4.11 Eficácia de diferentes combinações de insecticidas contra a mosca branca em sistema de plantação de alta densidade em algodão *Bt* durante a segunda pulverização

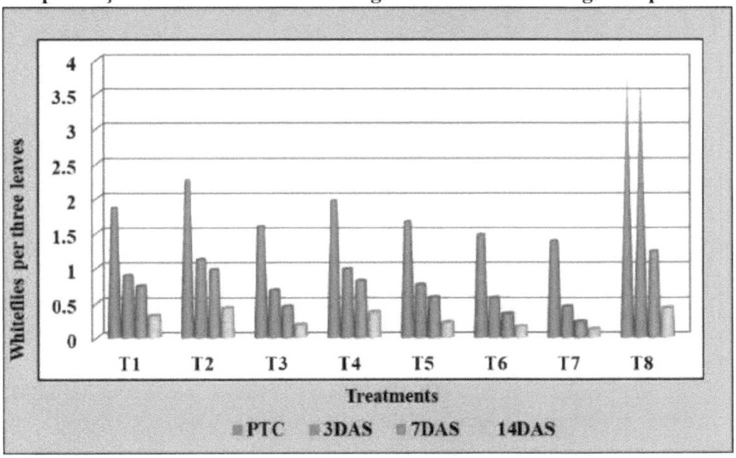

Fig 4.12 Eficácia de diferentes combinações de insecticidas contra a mosca branca em sistema de plantação de alta densidade em algodão *Bt* durante a terceira pulverização

Décimo quarto dia após a segunda pulverização

A população mais baixa de moscas brancas (1,02) foi registada no tratamento tiametoxame 12,6% + lambda-cialotrina 9,5% ZC, que foi igual ao indoxacarbe 14,5% + acetamipride 7,7% SC (1,14), acefato 50% + imidaclopride 1,8% SP (1,31) e cloropirifos 50% + cipermetrina 5% CE (1.42) seguido por fipronil 4% + acetamipride 4% SC (1,56), cipermetrina 3% + quinalfos 20% CE (1,64) e piriproxifeno 5% + fenpropartrina 15% CE (1,78) na redução da população de mosca branca e foram estatisticamente iguais entre si.

Terceiro dia após a terceira pulverização

A população mais baixa de mosca branca (0,45) foi registada no tratamento tiametoxame

12,6% + lambda-cialotrina 9,5% ZC, que estava a par com indoxacarbe 14,5% + acetamipride 7,7% SC (0,57), e acefato 50% + imidaclopride 1,8% SP (0,68), seguido de cloropirifos 50% + cipermetrina 5% CE (0.76), fipronil 4% + acetamipride 4% SC (0,89) e cipermetrina 3% + quinalfos 20% CE (0,98) na minimização da população de mosca branca e foram iguais entre si, seguidos pelo tratamento menos eficaz foi piriproxifeno 5% + fenpropartrina 15% CE (1,12) na redução da população de mosca branca.

Sétimo dia após a terceira pulverização

A população mais baixa de moscas brancas (0,23) foi registada no tratamento tiametoxame 12,6% + lambda-cialotrina 9,5% ZC, que estava a par com indoxacarbe 14,5% + acetamipride 7,7% SC (0,34), seguido de acefato 50% + imidaclopride 1,8% SP (0,45) e cloropirrifos 50% + cipermetrina 5% CE (0.58), que foram iguais entre si e seguidos por fipronil 4% + acetamipride 4% SC (0,74), cipermetrina 3% + quinalfos 20% CE (0,81) e piriproxifeno 5% + fenpropartrina 15% CE (0,97) foram os tratamentos menos eficazes na minimização da população de mosca branca e foram estatisticamente iguais entre si.

Décimo quarto dia após a terceira pulverização

A população mais baixa de moscas brancas (0,12) foi registada no tratamento tiametoxame 12,6% + lambda-cialotrina 9,5% ZC, que estava a par com indoxacarbe 14,5% + acetamipride 7,7% SC (0,16), seguido de acefato 50% + imidaclopride 1,8% SP (0,19) e cloropirrifos 50% + cipermetrina 5% CE (0,22), que estavam a par entre si. Fipronil 4% + acetamipride 4% SC (0,32) e cipermetrina 3% + quinalfos 20% CE (0,37) foram melhores e iguais entre si, seguidos de piriproxifeno 5% + fenpropartrina 15% CE (0,43), que foi o tratamento menos eficaz na minimização da população de moscas brancas.

A literatura sobre a eficácia destas combinações de insecticidas contra as pragas sugadoras do algodão *Bt* é muito escassa. Por conseguinte, é difícil discutir os resultados da investigação atual. No entanto, os resultados da presente investigação são aqui discutidos de acordo com algumas conclusões de outros investigadores.

De acordo com Reddy *et al.* (2018), a menor incidência de afídeos foi observada nas parcelas tratadas com clorantraniliprole 8,8% + tiametoxame 17,5% SC a 150 g *a.i.* ha^{-1}, tiametoxame 12,6% + lambda-cialotrina 9.5 % ZC @ 150 g *a.i.* ha^{-1}, clorantraniliprole 18,5 % SC + tiametoxame 25 % WG (mistura no tanque) @ 1:1 e tiametoxame 25 % WG @ 150 g *a.i.* ha^{-1} contra afídeos por planta no controlo após 15 dias de pulverização.

Meena *et al.* (2018) realizaram uma experiência para avaliar a bioeficácia do imidaclopride 17.1 SL contra importantes pragas sugadoras do algodão durante o Kharif. 2016. Os insecticidas viz., imidaclopride 17,1% SL @ 150, 200 e 250 ml ha^{-1}. imidaclopride 17,8% SL @ 125 ml ha^{-1}, acetamipride 20% SP @ 100 g ha^{-1} e tiametoxame 25% WG @ 200 g ha-1 foram aplicados duas vezes na ETL. Entre os tratamentos, o imidaclopride 17,1% SL @ 250 ml ha-1 foi considerado mais eficaz contra o jassídeo, a mosca branca e os tripes na cultura do algodão, o que foi igual ao imidaclopride 17,1% SL @ 200 ml ha-1 e ao tiametoxame 25% WG @ 200 g ha-1. O rendimento mais elevado de algodão em caroço (16,17 q ha-1) foi registado nas parcelas tratadas com imidaclopride 17,1% SL @ 250 ml ha-1.

De acordo com Dharne e Kabre (2009), os tratamentos indoxacarbe 14,5+ acetamipride 7,7 SC @ 500 ml/ha e indoxacarbe 14,5+ acetamipride 7,7 SC @ 400 ml/ha foram significativamente superiores na redução da incidência de pragas sugadoras da malagueta.

Padalia *et al.* (2018) avaliaram a bioeficácia de diferentes inseticidas de mistura pronta contra tripes no algodão *Bt*. Entre os seis inseticidas de mistura pronta avaliados, o acefato 50% + imidaclopride 1,8% SP e o tiametoxame 12,6% + lambda-cialotrina 9,5% ZC foram considerados mais eficazes na população de tripes, enquanto o fipronil 5% SC e a buprofezina 15% + acefato 35% WP foram medíocres em sua eficácia.

Bollworms

Bicho-da-farinha (*Helicoverpa armigera*)

Os dados relativos à bioeficácia da combinação de insecticidas contra o bicudo-do-algodoeiro (larva/planta) em sistema de plantação de alta densidade após pulverização foram apresentados no quadro 4.9 e representados nas figuras 4.13 a 4.14.

Os resultados revelaram que todos os insecticidas foram significativamente superiores à testemunha não tratada na redução da população do bicho-do-algodoeiro-americano aos 3, 7 e 14 dias após a aplicação dos insecticidas e que as observações de pré-contagem antes de cada pulverização não foram significativas. A incidência da população de larvas do bicho-do-algodoeiro americano não foi registada durante a primeira pulverização.

Terceiro dia após a segunda pulverização

O menor número de população larvar foi registado em tiametoxame 12,6% + lambda-cialotrina 9,5% ZC (0,00) e indoxacarbe 14,5% + acetamipride 7,7% SC (0,00). O segundo melhor tratamento foi o acefato 50% + imidaclopride 1,8% SP (0,06). Os tratamentos piriproxifeno 5% + fenpropatrina 15% CE (0,20), e fipronil 4% + acetamipride 4% SC (0,26) foram os menos eficazes na redução da população de bollworms americanos e foram iguais entre si. A população mais elevada de bollworm americano (0,33) foi observada no controlo não tratado.

Sétimo dia após a segunda pulverização

O melhor tratamento tiametoxame 12,6% + lambda-cialotrina 9,5% ZC, que foi significativamente superior a todos os outros tratamentos, registou o menor número de população larvar (0,00). Os melhores tratamentos seguintes foram indoxacarb 14,5% + acetamipride 7,7% SC (0,06), acephate 50% + imidachlopride 1,8% SP (0,13), e cypermethrin 3% + quinalphos 20% EC (0,20), que foram iguais entre si. Os próximos tratamentos eficazes foram cloropirifos 50% + cipermetrina 5% CE (0,26), piriproxifeno 5% + fenpropatrina 15% CE (0,26), e fipronil 4% + acetamipride 4% SC (0,33) na redução da população de bollworms americanos e foram iguais entre si. A população mais elevada de bollworms americanos (0,40) foi observada no controlo não tratado.

Décimo quarto dia após a segunda pulverização

O melhor tratamento tiametoxame 12,6% + lambda-cialotrina 9,5% ZC, que foi significativamente superior a todos os outros tratamentos, registou a população mais baixa (0,06). Os melhores tratamentos seguintes indoxacarbe 14,5% + acetamipride 7,7% SC (0,13), e acefato 50% + imidaclopride 1,8% SP (0,20), seguidos de cipermetrina 3% + quinalfos 20% CE (0.26), cloropirifos 50% + cipermetrina 5% CE (0,26), piriproxifeno 5% + fenpropatrina 15% CE (0,33), e fipronil 4% + acetamipride 4% SC (0,40) na redução da população de percevejos americanos. A população mais elevada de bollworms americanos (0,53) foi observada no controlo não tratado.

Quadro 4.9: Eficácia de diferentes combinações de insecticidas nas larvas do bicho-da-farinha-americano em sistema de plantação de alta densidade em algodão *Bt*

Tr. Não	Tratamento	Dosagem/ ha	N.º de larvas / planta							
			Segunda pulverização				Terceira pulverização			
			PTC	3DAS	7DAS	14DAS	PTC	3DAS	7DAS	14DAS
Ti	Fipronil 4% +	1000ml	0.33	0.26	0.33	0.40	0.53	0.33	0.40	0.46

	Acetamipride 4% SC		(0.57)	(0.51)	(0.58)	(0.63)	(0.73)	(0.57)	(0.63)	(0.68)
T2	Piriproxifeno 5% + Fenpropatrina 15% CE	500ml	0.40 (0.63)	0.20 (0.45)	0.26 (0.51)	0.33 (0.57)	0.46 (0.68)	0.26 (0.51)	0.33 (0.57)	0.46 (0.68)
T3	Acefato 50% + Imidaclopride 1,8% SP	1000ml	0,53 (0,73)	0,06 (0,24)	0,13 (0,36)	0,20 (0,45)	0,33 (0,57)	0,20 (0,45)	0,26 (0,51)	0,26 (0,51)
T4	Cipermetrina 3% + Quinalfos 20% CE	1000ml	0.46 (0.68)	0.13 (0.36)	0.20 (0.45)	0.26 (0.51)	0.33 (0.57)	0.20 (0.45)	0.26 (0.51)	0.33 (0.57)
T5	Cloropirifos 50% + Cipermetrina 5% CE	1000ml	0.33 (0.57)	0.13 (0.36)	0.26 (0.51)	0.26 (0.51)	0.40 (0.63)	0.26 (0.51)	0.33 (0.57)	0.40 (0.63)
T6	Indoxacarbe 14,5% + Acetamipride 7,7% SC	400ml	0.26 (0.51)	0.00 (0.00)	0.06 (0.24)	0.13 (0.36)	0.26 (0.51)	0.13 (0.36)	0.20 (0.45)	0.20 (0.45)
T7	Tiametoxame 12,6% + Lambda-cialotrina 9,5% ZC	200ml	0.20 (0.45)	0.00 (0.00)	0.00 (0.00)	0.06 (0.24)	0.20 (0.45)	0.06 (0.24)	0.13 (0.36)	0.20 (0.45)
T8	Controlo não tratado		0.26 (0.51)	0.33 (0.57)	0.40 (0.63)	0.53 (0.73)	0.60 (0.77)	0.60 (0.77)	0.66 (0.81)	0.66 (0.81)
	SE(m)±		0.02	0.01	0.03	0.03	0.03	0.04	0.03	0.03
	CD a 5%		0.06	0.08	0.09	0.1	0.05	0.12	0.09	0.09
	CV (%)		NS	14.04	12.65	11.19	NS	13.10	8.44	8.51

*Os valores entre parêntesis são valores angulares transformados

Terceiro dia após a terceira pulverização

A população larvar mais baixa foi registada em tiametoxame 12,6% + lambda-cialotrina 9,5% ZC (0,06), que estava a par de indoxacarbe 14,5% + acetamipride 7,7% SC (0,13), seguido de acefato 50% + imidaclopride 1.8% SP (0,20), cipermetrina 3% + quinalfos 20% CE (0,20), cloropirifos 50% + cipermetrina 5% CE (0,26), e piriproxifeno 5% + fenepropatrina 15% CE (0,26), seguido de fipronil 4% + acetamipride 4% SC (0,33). A população mais elevada de bollworm americano (0,60) foi observada no controlo não tratado.

Sétimo dia após a terceira pulverização

A população larvar mais baixa foi observada no tiametoxame 12,6% + lambda-cialotrina 9,5% ZC (0,13), que estava a par do indoxacarbe 14,5% + acetamipride 7,7% SC (0,2), seguido do acefato 50% + imidaclopride 1.8% SP (0,26), cipermetrina 3% + quinalfos 20% CE (0,26), cloropirifos 50% + cipermetrina 5% CE (0,33), e piriproxifena 5% + fenepropatrina 15% CE (0,33), seguido de fipronil 4% + acetamipride 4% SC (0,4). A população mais elevada de bollworm americano (0,66) foi observada no controlo não tratado.

Décimo quarto dia após a terceira pulverização

A população larvar mais baixa foi registada em tiametoxame 12,6% + lambda-cialotrina 9,5% ZC (0,2), que estava a par de indoxacarbe 14,5% + acetamipride 7,7% SC (0,2), e acefato 50% + imidaclopride 1,8% SP (0,26), seguido de cipermetrina 3% + quinalfos 20% CE (0.33), e cloropirifos 50% + cipermetrina 5% CE (0,40), provaram ser os segundos melhores tratamentos e estavam a par uns dos outros, seguidos pelos tratamentos menos eficazes piriproxifeno 5% + fenepropatrina 15% CE (0,46), e fipronil 4% + acetamipride 4% SC (0,46). A população mais elevada de bollworm americano (0,66) foi observada no controlo não tratado.

Percentagem de corpos de frutificação verdes devido aos bollworms

Os dados relativos à bioeficácia da combinação de insecticidas contra os danos causados pelo bicho-do-algodoeiro nos corpos de frutificação verde, em sistema de plantação de alta densidade, após a pulverização, foram apresentados no quadro 4.10 e em , representado nas Figuras 4.15 a 4.16. Os resultados revelaram que todos os insecticidas foram significativamente superiores ao controlo não tratado na redução da percentagem de corpos de frutificação verde do algodão por bollworms aos 3, 7 e 14 dias

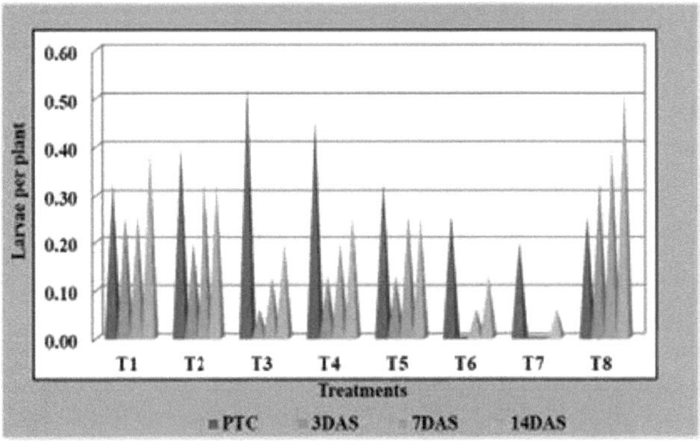

Fig. 4.13 Eficácia de diferentes combinações de insecticidas em larvas de bollworm americano em sistema de plantação de alta densidade em algodão *Bt* durante a segunda pulverização

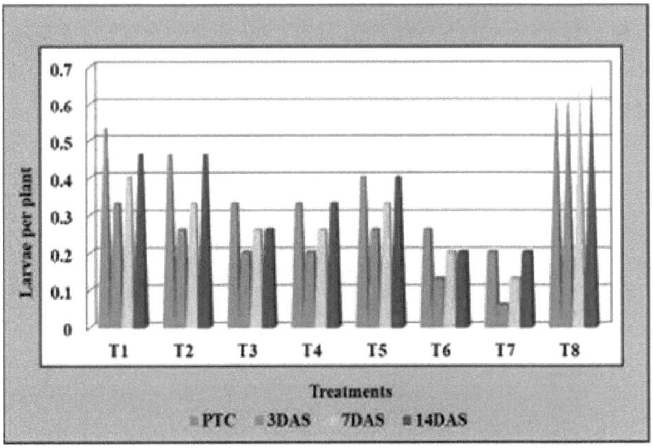

Fig 4.14 Eficácia de diferentes combinações de insecticidas sobre as larvas do americano em sistema de plantação de alta densidade em algodão *Bt* durante a terceira pulverização

após a aplicação dos insecticidas. As observações de pré-contagem antes de cada pulverização não foram significativas. Não foram observados corpos de frutificação verdes aquando da primeira pulverização.

Terceiro dia após a segunda pulverização

Os danos mínimos nos corpos de frutificação verde dos bollworms foram observados no tiametoxame 12,6% + lambda-cialotrina 9,5% ZC (1,58), que estava a par com indoxacarbe 14,5% + acetamipride 7,7% SC (1,73), acefato 50% + imidaclopride 1,8% SP (1,81), cipermetrina 3% + quinalfos 20% CE (1.94), e cloropirifos 50% + cipermetrina 5% CE (2,24) na redução de corpos de frutificação verdes por bollworms, seguidos pelos tratamentos menos eficazes seguintes piriproxifeno 5% + fenpropatrina 15% CE (2,38), e fipronil 4% + acetamipride 4% SC (2,51). A população mais elevada de corpos de frutificação verdes (5,03) foi observada no controlo não tratado.

Sétimo dia após a segunda pulverização

O mínimo de danos nos corpos de frutificação verde por bollworms foi registado em tiametoxam 12,6% + Lambdacyhalothrin 9,5% ZC (1,63) que foi a par com Indoxacarb 14,5% + Acetamiprid 7,7% SC (1,90), Acephate 50% + Imidachlopride 1.8% SP (2,03), e Cipermetrina 3% + Quinalfos 20% CE (2,15), seguido de Cloropirifos 50% + Cipermetrina 5% CE (2,48), Piriproxifeno 5% + Fenpropatrina 15% CE (2,64), e Fipronil 4% + Acetamipride 4% SC (2,75). A população mais elevada de corpos de frutificação verdes (5,48) foi observada no controlo não tratado.

Décimo quarto dia após a segunda pulverização

Os danos mínimos nos corpos verdes de frutificação causados pelos bollworms foram registados com tiametoxame 12,6% + lambda-cialotrina 9,5% ZC (1,87), a par de indoxacarbe 14,5% + acetamipride 7,7% SC (2,13), acefato 50% + imidaclopride 1.8% SP (2,27), e cipermetrina 3% + quinalfos 20% CE (2,43), seguido de cloropirifos 50% + cipermetrina 5% CE (2,80), piriproxifena 5% + fenepropatrina 15% CE (3,08), e fipronil 4% + acetamipride 4% SC (3,45). A população mais elevada de corpos de frutificação verdes (5,93) foi observada no controlo não tratado.

Quadro 4.10: Eficácia de diferentes combinações de insecticidas nos danos causados aos corpos de frutificação pelo bollworm americano em sistema de plantação de alta densidade em algodão *Bt*

Tr. Não	Tratamento	Dosagem/ ha	Corpos de frutificação verdes percentagem de danos							
			Segunda pulverização				Terceira pulverização			
			PTC	3DAS	7DAS	14DAS	PTC	3DAS	7DAS	14DAS
Ti	Fipronil 4% + Acetamipride 4% SC	1000ml	5.16 (13.13)	2.51 (9.12)	2.75 (9.55)	3.45 (10.70)	4.95 (12.86)	3.69 (11.08)	3.75 (11.17)	4.03 (11.59)
T2	Piriproxifeno 5% + Fenpropatrina 15% CE	500ml	5.44 (13.48)	2.38 (8.87)	2.64 (9.34)	3.08 (10.10)	5.53 (13.61)	3.33 (10.51)	3.53 (10.83)	3.72 (11.12)
T3	Acefato 50% + Imidacloprida 1,8% SP	1000ml	4.90 (12.79)	1.81 (7.72)	2.03 (8.18)	2.27 (8.67)	4.42 (12.14)	2.52 (9.14)	2.66 (9.39)	2.92 (9.84)
T4	Cipermetrina 3% + Quinalfos 20% CE	1000ml	5.01 (12.93)	1.94 (8.01)	2.15 (8.44)	2.43 (8.97)	5.22 (13.21)	2.71 (9.48)	3.00 (9.98)	3.21 (10.33)

T_5	Cloropirifos 50% + Cipermetrina 5% CE	1000ml	5.35 (13.38)	2.24 (8.60)	2.48 (9.07)	2.80 (9.63)	4.71 (12.54)	3.03 (10.02)	3.25 (10.39)	3.45 (10.71)
T6	Indoxacarbe 14,5% + Acetamipride 7,7% SC	400ml	5.62 (13.72)	1.73 (7.56)	1.90 (7.92)	2.13 (8.39)	4.26 (11.91)	2.34 (8.80)	2.51 (9.12)	2.76 (9.56)
T_7	Tiametoxame 12,6% + Lambda-cialotrina 9,5% ZC	200ml	5.26 (13.26)	1.58 (7.21)	1.63 (7.33)	1.87 (7.86)	4.02 (11.57)	2.11 (8.35)	2.29 (8.70)	2.52 (9.14)
T_8	Controlo não tratado		4.87 (12.74)	5.03 (12.9)	5.48 (13.54)	5.93 (14.09)	5.96 (14.13)	6.88 (15.21)	6.96 (15.30)	7.10 (15.45)
	SE(m)±		0.59	0.52	0.46	0.57	0.45	0.51	0.52	0.35
	CD a 5%		1.79	1.57	1.39	1.73	1.38	1.56	1.57	1.06
	C V (%)		NS	9.96	8.78	9.98	NS	8.85	8.46	5.6

*Os valores entre parêntesis são valores angulares transformados

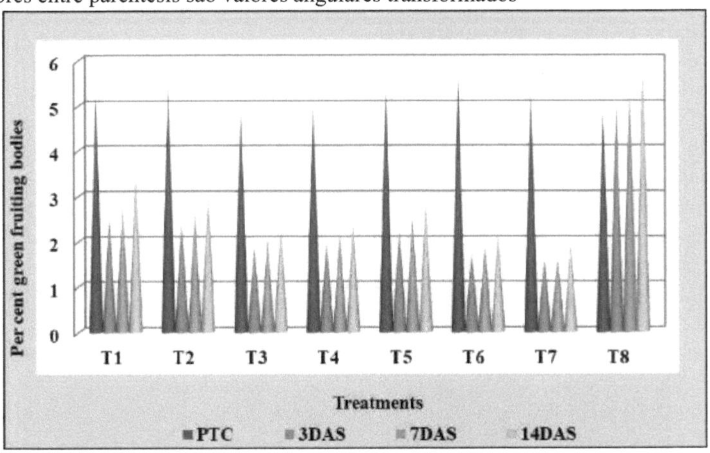

Fig. 4.15 Eficácia de diferentes combinações de insecticidas nos danos causados aos corpos de frutificação pelo bollworm americano em sistema de plantação de alta densidade em algodão *Bt* durante a segunda pulverização

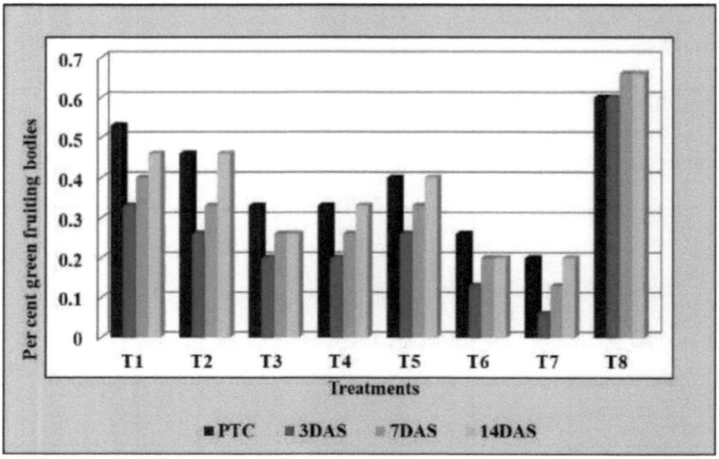

Fig. 4.16: Eficácia de diferentes combinações de insecticidas na percentagem de corpos de frutificação verdes de bollworms em sistema de plantação de alta densidade em algodão *Bt* durante a terceira pulverização

Terceiro dia após a terceira pulverização

Os danos mínimos nos corpos verdes de frutificação causados pelos bollworms foram registados com tiametoxame 12,6% + lambda-cialotrina 9,5% ZC (2,11) e a par com indoxacarbe 14,5% + acetamipride 7,7% SC (2,34), acefato 50% + imidaclopride 1.8% SP (2,52), e cipermetrina 3% + quinalfos 20% CE (2,71), seguido de cloropirifos 50% + cipermetrina 5% CE (3,03), piriproxifeno 5% + fenepropatrina 15% CE (3,33), e fipronil 4% + acetamipride 4% SC (3,69). A população mais elevada de corpos de frutificação verdes (6,88) foi observada no controlo não tratado.

Sétimo dia após a terceira pulverização

O mínimo de danos nos corpos de frutificação verde por bollworms foi observado em tiametoxam 12,6% + lambdacyhalothrin 9,5% ZC (2,29), que foi a par com indoxacarb 14,5% + acetamiprid 7,7% SC (2,51), acephate 50% + imidachlopride 1.8% SP (2,66), e cipermetrina 3% + quinalfos 20% CE (3,00), seguido de cloropirifos 50% + cipermetrina 5% CE (3,25), piriproxifena 5% + fenepropatrina 15% CE (3,53), e fipronil 4% + acetamipride 4% SC (3,75). A população mais elevada de corpos de frutificação verdes (6,96) foi observada no controlo não tratado.

Décimo quarto dia após a terceira pulverização

Os corpos de frutificação verdes mínimos foram registados em tiametoxame 12,6% + lambda-cialotrina 9,5% ZC (2,52), que estava a par de indoxacarbe 14,5% + acetamipride 7,7% SC (2,76) e acefato 50% + imidaclopride 1,8% SP (2,92), seguido de cipermetrina 3% + quinalfos 20% CE (3.21), cloropirifos 50% + cipermetrina 5% CE (3,45), e piriproxifeno 5% + fenpropatrina 15% CE (3,72), mostraram corpos de frutificação verdes mais baixos e estavam a par entre si, seguidos de fipronil 4% + acetamipride 4% SC (4,03). A população mais elevada de corpos de frutificação verdes (7,10) foi observada no controlo não tratado.

Bicho-da-farinha-rosa *(Pectinophora gossypiella)*

Os dados relativos à bioeficácia da combinação de insecticidas contra o bicudo-do-algodoeiro (larvas/20 cápsulas) em sistema de plantação de alta densidade após pulverizações foram apresentados no quadro 4.11 e representados na Fig. 4.17

Quadro 4.11: Eficácia de diferentes combinações de insecticidas em larvas de bollworm rosa em sistema de plantação de alta densidade em algodão *Bt*

N.º de registo	Tratamento	Dosagem/ha	N.º de larvas/ 20 cápsulas		
			90DAS	120DAS	150DAS
Ti	Fipronil 4% + Acetamipride 4% SC	1000ml	3.00 (1.73)	3.67 (1.92)	4.67 (2.16)
T2	Pyriproxifen 5% + Fenpropathrin 15% CE	500ml	2.67 (1.63)	3.33 (1.82)	4.00 (2.00)
T_3	Acefato 50% + Imidacloprida 1,8% SP	1000ml	1.33 (1.15)	2.00 (1.41)	2.67 (1.63)
T_4	Cipermetrina 3% + Quinalfos 20% CE	1000ml	1.67 (1.29)	2.33 (1.53)	3.00 (1.73)
T_5	Cloropirifos 50% + Cipermetrina 5% CE	1000ml	2.00 (1.41)	3.00 (1.73)	3.33 (1.82)
T6	Indoxacarbe 14,5% + Acetamipride 7,7% SC	400ml	0.67 (0.82)	1.67 (1.29)	2.00 (1.41)
T_7	Tiametoxame 12,6% + Lambdaci-halotrina 9,5% ZC	200ml	0.67 (0.82)	1.00 (1.00)	1.33 (1.15)
T_8	Controlo não tratado		4.00 (2.00)	5.00 (2.24)	6.00 (2.45)
	SE(m)±		0.08	0.11	0.1
	CD a 5%		0.25	0.32	0.3
	CV (%)		9.94	13.1	9.49

*Os valores entre parêntesis são valores angulares transformados

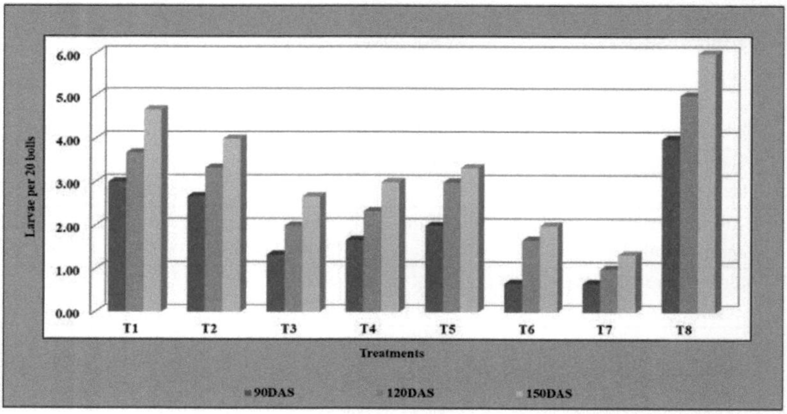

Fig. 4.17: Eficácia de diferentes combinações de insecticidas em larvas de bollworm rosa em sistema de plantação de alta densidade em algodão *Bt*

Os resultados revelaram que todos os insecticidas foram significativamente superiores à testemunha não tratada na redução da população do bicudo-do-algodoeiro aos 3, 7 e 14 dias após a aplicação dos insecticidas e que as observações de pré-contagem antes da pulverização não foram significativas.

90 dias após a sementeira

A população larvar mais baixa foi registada no tratamento tiametoxame 12,6% + lambdacyhalothrin 9,5% ZC (0,67), que foi igual ao indoxacarbe 14,5% + acetamipride 7,7% SC (0,67). Os melhores tratamentos que se seguiram foram o acefato 50% + imidaclopride 1,8% SP (1,33) e a cipermetrina 3% + quinalfos 20% CE (1,67), que foram iguais entre si, seguidos do cloropirifos 50% + cipermetrina 5% CE (2,00) e da piriproxifena 5% + fenpropartrina 15% CE (2,67). Fipronil 4% + Acetamiprid 4% SC (3,00) foi o tratamento menos eficaz na minimização da população de larvas do bollworm rosa. A maior população de larvas (4,00) foi observada no controlo não tratado.

120 dias após a sementeira

A população larvar mais baixa foi registada no tratamento tiametoxame 12,6% + lambda-cialotrina 9,5% ZC (1,00), que foi igual a indoxacarbe 14,5% + acetamipride 7,7% SC (1,67), seguido de acefato 50% + imidaclopride 1,8% SP (2,00), cipermetrina 3% + Quinalfos 20%

CE (2,33) e cloropirifos 50% + cipermetrina 5% CE (3,00). Pyriproxifen 5% + fenpropathrin 15% EC (3.33), e fipronil 4% + acetamiprid 4% SC (3.67) foram menos eficazes na redução da população larvar do bollworm rosa e foram iguais entre si. A maior população de larvas (5,00) foi observada no controlo não tratado.

150 Dias após a sementeira

A população larvar mais baixa foi registada no tratamento tiametoxame 12,6% + lambda-cialotrina 9,5% ZC (1,33), que foi igual ao indoxacarbe 14,5% + acetamipride 7,7% SC (2,00), seguido de acefato 50% + imidaclopride 1,8% SP (2.67), cipermetrina 3% + quinalfos 20% CE (3.00), e cloropirifos 50% + cipermetrina 5% CE (3.33), seguido de piriproxifeno 5% + fenpropatrina 15% CE (4.00), e fipronil 4% + acetamipride 4% SC (4.67) foram menos eficazes na redução da população larvar do bollworm rosa. A maior população de larvas (6,00) foi observada no controlo não tratado.

Por cento Flor de roseta devido ao bollworm rosa

Os dados relativos à bioeficácia da combinação de insecticidas contra a percentagem de flores em roseta devidas ao bollworm rosa em sistema de plantação de alta densidade em algodão *Bt* após pulverizações foram apresentados no quadro 4.12 e representados na Fig. 4.18.

Os resultados revelaram que todos os insecticidas foram significativamente superiores à testemunha não tratada na redução da percentagem de flores em roseta devido ao bollworm rosa.

Quadro 4.12: Eficácia de diferentes combinações de insecticidas na percentagem de flores em roseta pelo bollworm rosa em sistema de plantação de alta densidade em algodão *Bt*

N.º de registo	Tratamento	Dosagem/ha	Percentagem de flores em roseta		
			60DAS	90DAS	120DAS
T1	Fipronil 4% + Acetamipride 4% SC	1000ml	7.07 (15.42)	7.89 (16.31)	8.31 (16.75)
T2	Piriproxifeno 5% + Fenpropatrina 15% CE	500ml	6.35 (14.60)	7.50 (15.89)	8.14 (16.57)
T3	Acefato 50% + Imidacloprida 1,8% SP	1000ml	5.32 (13.33)	6.08 (14.28)	6.94 (15.28)
T4	Cipermetrina 3% + Quinalfos 20% CE	1000ml	5.63 (13.73)	6.79 (15.11)	7.23 (15.60)
T5	Cloropirifos 50% + Cipermetrina 5% CE	1000ml	6.06 (14.25)	7.14 (15.50)	7.64 (16.04)
T6	Indoxacarbe 14,5% + Acetamipride 7,7% SC	400ml	4.75 (12.59)	5.83 (13.97)	6.63 (14.92)
T7	Tiametoxame 12,6% + Lambda-cialotrina 9,5% ZC	200ml	4.12 (11.71)	5.57 (13.65)	5.89 (14.05)
T8	Controlo não tratado		8.06 (16.49)	8.90 (17.35)	9.28 (17.74)
	SE(m)±		0.50	0.60	0.55
	CD a 5%		1.50	1.82	1.67
	CV (%)		6.14	6.84	6.03

*Os valores entre parêntesis são valores angulares transformados

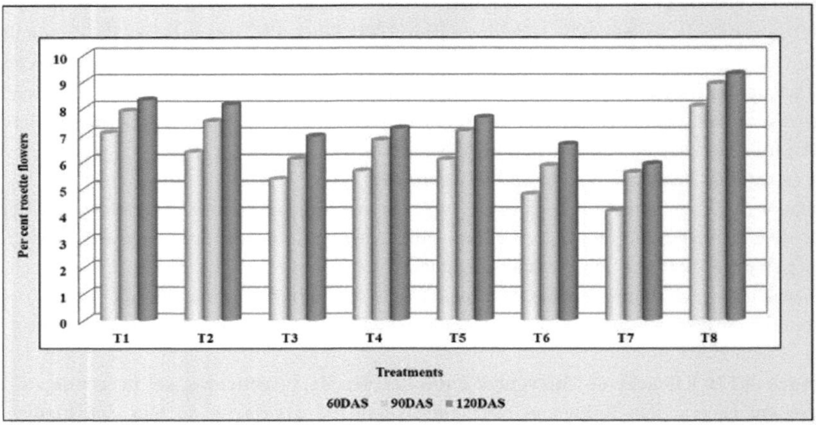

Fig. 4.18: Eficácia de diferentes combinações de insecticidas na percentagem de flores em roseta pelo bollworm rosa em sistema de plantação de alta densidade em algodão *Bt*

60 dias após a sementeira

A percentagem mais baixa de flores em roseta foi registada em tiametoxame 12,6% + lambda-cialotrina 9,5% ZC (4,12), que estava a par de indoxacarbe 14,5% + acetamipride 7,7% SC (4,75), seguido de acefato 50% + imidaclopride 1.8% SP (5,32), que estava ao mesmo nível que a cipermetrina 3% + quinalfos 20% CE (5,63), cloropirifos 50% + cipermetrina 5% CE (6,06) e piriproxifena 5% + fenpropatrina 15% CE (6,35), apresentaram uma percentagem inferior de flores em roseta. Fipronil 4% + acetamipride 4% SC (7,07) foi menos eficaz na redução da percentagem de flores em roseta devido ao bollworm rosa. A percentagem mais elevada de flores em roseta (8,06) foi observada no controlo não tratado.

90 dias após a sementeira

A percentagem mais baixa de flores em roseta foi registada em tiametoxame 12,6% + lambda-cialotrina 9,5% ZC (5,57), que foi igual a indoxacarbe 14,5% + acetamipride 7,7% SC (5,83), acefato 50% + imidaclopride 1,8% SP (6,08) e cipermetrina 3% + quinalfos 20% CE (6.79), seguido por cloropirifos 50% + cipermetrina 5% CE (7,14), piriproxifeno 5% + fenpropatrina 15% CE (7,50), e fipronil 4% + acetamipride 4% SC (7,89) na redução da percentagem de flores em roseta e foram iguais entre si. A percentagem mais elevada de flores em roseta

(8,90) foi observada no controlo não tratado.

120 dias após a sementeira

A percentagem mais baixa de flores em roseta foi registada com tiametoxame 12,6% + lambda-cialotrina 9,5% ZC (5,89), a par de indoxacarbe 14,5% + acetamipride 7,7% SC (6,63), acefato 50% + imidaclopride 1,8% SP (6,94) e cipermetrina 3% + quinalfos 20% CE (7.23), seguido de cloropirifos 50% + cipermetrina 5% CE (7,64), piriproxifeno 5% + fenpropatrina 15% CE (8,14), e fipronil 4% + acetamipride 4% SC (8,31) na redução da percentagem de flores em roseta e foram iguais entre si. A percentagem mais elevada de flores em roseta (9,28) foi observada no controlo não tratado.

Percentagem de danos nas cápsulas verdes devido ao complexo de bollworms

Os dados relativos à bioeficácia da combinação de insecticidas contra a percentagem de danos em cápsulas verdes causados pelo complexo de bollworms em sistema de plantação de alta densidade em algodão *Bt* após pulverizações foram apresentados no quadro 4.13 e representados na Fig. 4.19

Os resultados revelaram que todos os insecticidas foram significativamente superiores à testemunha não tratada na redução da percentagem de danos causados pelos bollworms nas cápsulas verdes.

90 dias após a sementeira

O tratamento tiametoxame 12,6% + lambda-cialotrina 9,5% ZC (4,20) registou uma percentagem mínima de danos nas cápsulas verdes, a par do indoxacarbe 14,5% + acetamipride 7,7% SC (4.56) e acefato 50% + imidaclroprida 1,8% SP (5,23), seguido de cipermetrina 3% + quinalfos 20% CE (6,10), cloropirifos 50% + cipermetrina 5% CE (6,87) e piriproxifeno 5% + fenpropatrina 15% CE (7,01). Fipronil 4% + acetamipride 4% SC (7,78) foi o tratamento menos eficaz para reduzir a percentagem de danos nas cápsulas verdes. A percentagem mais elevada de danos nas cápsulas verdes (12,20) foi observada no controlo não tratado.

120 dias após a sementeira

O tratamento tiametoxame 12,6% + lambda-cialotrina 9,5% ZC (5,54) registou uma percentagem mínima de danos em cápsulas verdes, a par de indoxacarbe 14,5% + acetamipride 7,7% SC (6,21), acefato 50% + imidaclopride 1,8% SP (6,78) e cipermetrina 3% + quinalfos 20% CE (7.12), seguido por cloropirifos 50% + cipermetrina 5% CE (7,98), piriproxifeno 5% + fenpropatrina 15% CE (8,58), e fipronil 4% + acetamipride 4% SC (8,98) na redução da percentagem de danos nas cápsulas verdes e foram iguais entre si. A percentagem mais elevada de danos nas cápsulas verdes (15,5) foi observada no controlo não tratado.

150 Dias após a sementeira

O tratamento tiametoxame 12,6% + lambda-cialotrina 9,5% ZC (7,50) registou uma percentagem mínima de danos em cápsulas verdes, a par de indoxacarbe 14,5% + acetamipride 7,7% SC (8,15) e acefato 50% + imidaclopride 1,8% SP (8.50), seguido de cipermetrina 3% + quinalfos 20% CE (9,26), cloropirifos 50% + cipermetrina 5% CE (9,62), piriproxifeno 5% + fenepropatrina 15% CE (10,09) e fipronil 4% + acetamipride 4% SC (10,95) na redução da percentagem de danos em cápsulas verdes e foram iguais entre si. A percentagem mais elevada de danos nas cápsulas verdes (15,80) foi observada no controlo não tratado.

Quadro 4.13: Eficácia de diferentes combinações de insecticidas na percentagem de danos em cápsulas verdes causados pelo complexo de bollworms em sistema de

plantação de alta densidade em algodão *Bt*

N.º de registo	Tratamento	Dosagem/ha	Percentagem de danos nas cápsulas verdes		
			90DAS	120DAS	150DAS
T1	Fipronil 4% + Acetamipride 4% SC	1000ml	7.78 (16.20)	8.98 (17.44)	10.95 (19.32)
T2	Piriproxifeno 5% + Fenpropatrina 15% CE	500ml	7.01 (15.35)	8.58 (17.03)	10.09 (18.52)
T3	Acefato 50% + Imidacloprida 1,8% SP	1000ml	5.23 (13.22)	6.78 (15.09)	8.50 (16.95)
T4	Cipermetrina 3% + Quinalfos 20% CE	1000ml	6.10 (14.30)	7.12 (15.48)	9.26 (17.72)
T5	Cloropirifos 50% + Cipermetrina 5% CE	1000ml	6.87 (15.20)	7.98 (16.41)	9.62 (18.07)
T6	Indoxacarbe 14,5% + Acetamipride 7,7% SC	400ml	4.56 (12.33)	6.21 (14.43)	8.15 (16.59)
T7	Tiametoxame 12,6% + Lambda-cialotrina 9,5% ZC	200ml	4.20 (11.83)	5.54 (13.61)	7.50 (15.89)
T8	Controlo não tratado		12.20 (20.44)	15.5 (23.18)	15.80 (23.42)
	SE(m)±		0.52	0.57	0.56
	CD a 5%		1.56	1.72	1.7
	CV (%)		6.02	5.91	5.76

*Os valores entre parêntesis são valores angulares transformados

Percentagem de danos nas cápsulas abertas devido ao bollworm rosa

Os dados relativos à bioeficácia da combinação de insecticidas contra a percentagem de danos em cápsulas abertas provocados pelo crisomelídeo em sistema de plantação de alta densidade no algodão foram apresentados no quadro 4.14 e representados na Fig. 4.20.

Os dados do quadro 4.14 mostram que todos os tratamentos foram significativamente eficazes na redução da percentagem de danos em cápsulas abertas por bollworms em relação ao controlo não tratado.

Primeira colheita

A percentagem de danos em cápsulas abertas durante a primeira colheita foi significativamente mais baixa no tratamento com tiametoxame 12,6% + lambda-cialotrina 9,5% ZC (6,92), que foi igual ao indoxacarbe 14,5% + acetamipride 7,7% SC (7,83), acefato 50% + imidaclopride 1,8% SP (8.38), cipermetrina 3% + quinalfos 20% CE (8,94), e cloropirifos 50% + cipermetrina 5% CE (9,26) na redução de danos em cápsulas abertas devido ao bollworm rosa seguido por, piriproxifeno 5% + fenpropatrina 15% CE (9,78), e fipronil 4% + acetamipride 4% SC (10,78). A percentagem mais elevada de danos em cápsulas abertas (13,16) foi observada no controlo não tratado.

Segunda seleção

A percentagem de danos em cápsulas abertas durante a segunda colheita foi significativamente mais baixa no tratamento com tiametoxame 12,6% + lambda-cialotrina

9,5% ZC (10,54), que foi igual ao indoxacarbe 14,5% + acetamipride 7,7% SC (11,21), acefato 50% + imidaclopride 1,8% SP (11.87), cipermetrina 3% + quinalfos 20% CE (12,65), e cloropirifos 50% + cipermetrina 5% CE (12,98) na redução de danos em cápsulas abertas devido ao bollworm rosa, seguido por piriproxifeno 5% + fenpropatrina 15% CE (13,77), e fipronil 4% + acetamipride 4% SC (14,23). A percentagem mais elevada de danos em cápsulas abertas (16,76) foi observada no controlo não tratado.

Terceira colheita

A percentagem de danos em cápsulas abertas durante a terceira colheita foi significativamente mais baixa no tratamento tiametoxame 12,6% + lambda-cialotrina 9,5% ZC (13,57), que foi igual ao indoxacarbe 14,5% + acetamipride 7,7% SC (14,43), acefato 50% + imidaclopride 1,8% SP (15,66), cipermetrina 3% + quinalfos 20% CE (16.22), e cloropirifos 50% + cipermetrina 5% CE (16,89) na redução dos danos de cápsulas abertas devido ao bollworm rosa, seguido por, piriproxifeno 5% + fenpropatrina 15% CE (17,44), e fipronil 4% + acetamipride 4% SC (17,99) por cento de danos de cápsulas abertas e foram iguais entre si. A percentagem mais elevada de danos em cápsulas abertas (20,21) foi observada no controlo não tratado.

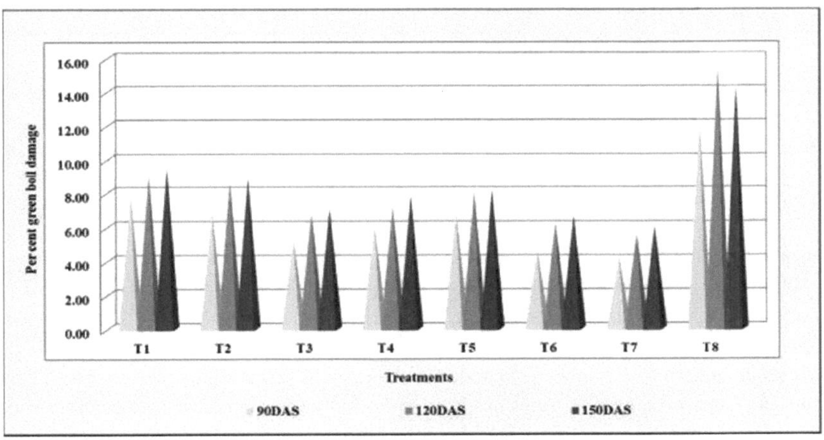

Fig. 4.19: Eficácia de diferentes combinações de insecticidas na percentagem de danos causados pelo complexo de bollworms em sistema de plantação de alta densidade em

algodão *Bt*

Quadro 4.14: Eficácia de diferentes combinações de insecticidas na percentagem de danos em cápsulas abertas provocados pelo bollworm rosa em sistema de plantação de alta densidade em algodão *Bt* durante três colheitas

N.º de registo	Tratamento	Dosagem/ha	Percentagem de danos nas cápsulas abertas			
			Is* Seleção	2nd Seleção	3rd Seleção	MEIO
Ti	Fipronil 4% + Acetamipride 4% SC	1000ml	10.78 (19.17)	14.23 (22.16)	17.99 (25.09)	14.30
T2	Pyriproxifen 5% + Fenpropathrin 15% CE	500ml	9.78 (18.23)	13.77 (21.78)	17.44 (24.68)	13.66
T3	Acefato 50% + Imidaclopride 1,8% SP	1000ml	8.38 (16.82)	11.87 (20.16)	15.66 (23.31)	11.97
T4	Cipermetrina 3% + Quinalfos 20% CE	1000ml	8.94 (17.39)	12.65 (20.84)	16.22 (23.75)	12.60
T5	Cloropirifos 50% + Cipermetrina 5% CE	1000ml	9.26 (17.71)	12.98 (21.12)	16.89 (24.27)	13.04
T6	Indoxacarbe 14,5% + Acetamipride 7,7% SC	400ml	7.83 (16.25)	11.21 (19.56)	14.43 (22.32)	11.15
T7	Tiametoxame 12,6% + Lambda-cialotrina 9,5% ZC	200ml	6.92 (15.26)	10.54 (18.95)	13.57 (21.61)	10.34
T8	Controlo não tratado		13.16 (21.27)	16.76 (24.16)	20.21 (26.72)	16.71
	SE(m)±		0.84	0.86	0.95	-
	CD a 5%		2.53	2.6	2.89	-
	CV (%)		8.16	7.05	6.9	-

*Os valores entre parêntesis são valores angulares transformados

Percentagem de danos nos lóculos provocados pelos bollworms

Os dados relativos à bioeficácia da combinação de insecticidas contra a percentagem de danos causados aos lóculos pelo crisomelídeo em sistema de plantação de alta densidade no algodão foram apresentados no quadro 4.15 e representados na Fig. 4.21.

Os dados do quadro 4.15 mostram que todos os tratamentos foram significativamente eficazes na redução da percentagem de danos nos lóculos dos bollworms em relação ao controlo não tratado.

Primeira colheita

A percentagem de danos nos lóculos durante a primeira colheita foi significativamente mais baixa no tratamento com tiametoxame 12,6% + lambda-cialotrina 9,5% ZC (6,38), que foi igual ao indoxacarbe 14,5% + acetamipride 7,7% SC (6,78), acefato 50% + imidaclopride 1.8% SP (7,27), cipermetrina 3% + quinalfos 20% CE (7,65), e cloropirifos 50% + cipermetrina 5% CE (8,12), seguidos pelos tratamentos eficazes seguintes, piriproxifeno 5% + fenepropatrina 15% CE (8,55), e fipronil 4% + acetamipride 4% SC (9,10). A percentagem mais elevada de danos nos lóculos (10,72) foi observada no controlo não tratado.

Segunda seleção

A percentagem de danos nos lóculos durante a segunda colheita foi significativamente mais baixa no tratamento com tiametoxame 12,6% + lambda-cialotrina 9,5% ZC (9,73), que foi igual ao indoxacarbe 14,5% + acetamipride 7,7% SC (10,20), acefato 50% + imidaclopride 1,8% SP (10,76), cipermetrina 3% + quinalfos 20% CE (11.17), cloropirifos 50% + cipermetrina 5% CE (11,69) e piriproxifeno 5% + fenepropatrina 15% CE (11,95), seguido de fipronil 4% + acetamipride 4% SC (12,55) na redução da percentagem de danos nos lóculos. A percentagem mais elevada de danos nos lóculos (14,44) foi observada na testemunha não tratada.

Terceira colheita

A percentagem de danos nos lóculos durante a terceira colheita foi significativamente mais baixa no tratamento com tiametoxame 12,6% + lambda-cialotrina 9,5% ZC (13,46), que foi igual ao indoxacarbe 14,5% + acetamipride 7,7% SC (13.97), acefato 50% + imidaclopride 1,8% SP (14,66), cipermetrina 3% + quinalfos 20% CE (14,89), cloropirifos 50% + cipermetrina 5% CE (15,57), piriproxifena 5% + fenepropatrina 15% CE (15,96) e fipronil 4% + acetamipride 4% SC (16,43). A percentagem mais elevada de danos nos lóculos (19,15) foi observada no controlo não tratado.

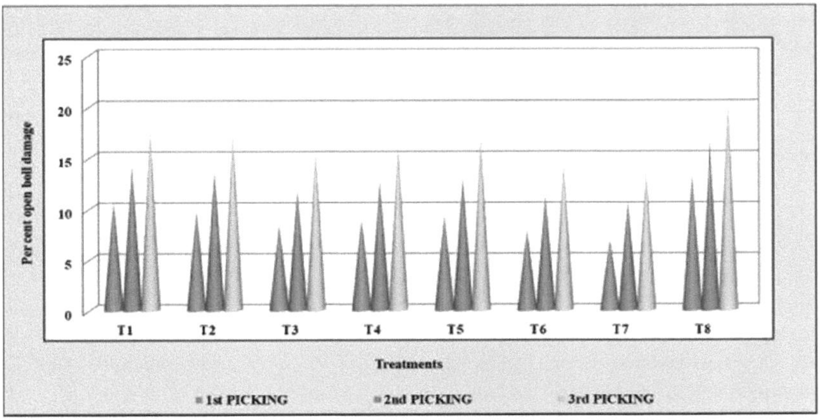

Fig. 4.20: Eficácia de diferentes combinações de insecticidas na percentagem de danos

em cápsulas abertas provocados pelo bollworm rosa em sistema de plantação de alta densidade em algodão *Bt* durante três colheitas

Quadro 4.15: Eficácia de diferentes combinações de insecticidas na percentagem de danos causados aos lóculos pelo bollworm rosa em sistema de plantação de alta densidade em algodão *Bt* durante três colheitas

N.º de registo	Tratamento	Dosagem/ha	Percentagem de danos nos lóculos			
			I^{s}* Seleção	2nd Seleção	3rd Seleção	MEIO
Ti	Fipronil 4% + Acetamipride 4% SC	1000ml	9.10 (17.56)	12.55 (20.75)	16.43 (23.91)	12.69
T2	Pyriproxifen 5% + Fenpropathrin 15% CE	500ml	8.55 (17.01)	11.95 (20.23)	15.96 (23.55)	12.15
T3	Acefato 50% + Imidaclоprida 1,8% SP	1000ml	7.27 (15.65)	10.76 (19.15)	14.66 (22.51)	10.89
T4	Cipermetrina 3% + Quinalfos 20% CE	1000ml	7.65 (16.05)	11.17 (19.52)	14.89 (22.70)	11.23
T5	Cloropirifos 50% + Cipermetrina 5% CE	1000ml	8.12 (16.56)	11.69 (19.99)	15.57 (23.24)	11.79
T6	Indoxacarbe 14,5% + Acetamipride 7,7% SC	400ml	6.78 (15.09)	10.20 (18.62)	13.97 (21.95)	10.31
T7	Tiametoxame 12,6% + Lambda-cialotrina 9,5% ZC	200ml	6.38 (14.63)	9.73 (18.17)	13.46 (21.52)	9.85
T8	Controlo não tratado		10.72 (19.11)	14.44 (22.33)	19.15 (25.95)	14.77
	SE(m)±		0.69	0.78	0.82	-
	CD a 5%		2.1	2.36	2.49	-
	CV (%)		7.29	6.8	6.16	-

*Os valores entre parêntesis são valores angulares transformados

(2018) estudaram a avaliação de novas combinações de insecticidas contra o complexo de bollworm no algodão. Os resultados revelaram que a aplicação de clorantraniliprole 8,8% + tiametoxame 17,5% SC se mostrou eficaz no registo de danos mínimos nos corpos de frutificação verde, bem como na percentagem de material derramado, que foi igual ao indoxacarbe 14.5% + acetamipride 7,7% SC, clorantraniliprole 9,3% + lambda-cialotrina 4,6% ZC, tiametoxame 12,6% + lambda-cialotrina 9,5% ZC, flubendiamida 19,92% + tiaclopride 19,92% SC.

Jadav *et al.* (2009) Foram realizados estudos para avaliar a eficácia de certos insecticidas mais recentes, isoladamente e em combinação, contra o complexo de bollworm do algodão. O tratamento acetamapride 2%+indoxacarbe 15% @ 20 e 150 g *a.i.*/ha foi o tratamento superior no controlo da percentagem de infestação em corpos de frutificação (quadrados, flores, cápsulas verdes), seguido de acetamapride 2%+indoxacarbe 15% @ 12 e 90 g *a.i.*/ha e acetamapride 2%+indoxacarbe 15% @ 10 e 75 g *a.i.*/ha. A percentagem mais baixa de infestação em lóculos na colheita devido a bollworms foi observada nos tratamentos combinados acetamapride 2%+indoxacarbe 15% @ 20 e 150 g *a.i.*/ha. O maior rendimento de algodão em caroço foi obtido com o tratamento acetamapride 2%+indoxacarbe 15% @ 20 e 150 g *a.i.*/ha (12,45 q/ha).

Avaliar a segurança da combinação de insecticidas contra insectos benéficos do algodão *Bt* em sistema de plantação de alta densidade.

Escaravelho das aves

Os dados relativos à avaliação da segurança da combinação de insecticidas contra o escaravelho da fava em sistema de plantação de alta densidade em algodão *Bt* após pulverização são apresentados nos quadros 4.16 e 4.17 e representados nas figuras 4.22 a 4.24

Terceiro dia após a primeira pulverização

A população mais elevada de joaninhas foi registada na testemunha não tratada (1,68). Entre os tratamentos insecticidas, a população mais elevada de joaninhas foi registada no tratamento tiametoxame 12,6% + lambda-cialotrina 9,5% ZC (1,43), que foi igual ao indoxacarbe 14,5% + acetamipride 7,7% SC (1,35), acefato 50% + imidaclopride 1,8% SP (1.28), cloropirifos 50% + cipermetrina 5% CE (1,20) e fipronil 4% + acetamipride 4% SC (1,16), seguidos de cipermetrina 3% + quinalfos 20% CE (0,87) e piriproxifena 5% + fenpropatrina 15% CE (0,68), apresentaram a população mais baixa de joaninhas e foram iguais entre si.

Sétimo dia após a primeira pulverização

A população mais elevada de joaninhas foi registada no controlo não tratado (1,75). Entre os tratamentos insecticidas, a maior população de joaninhas

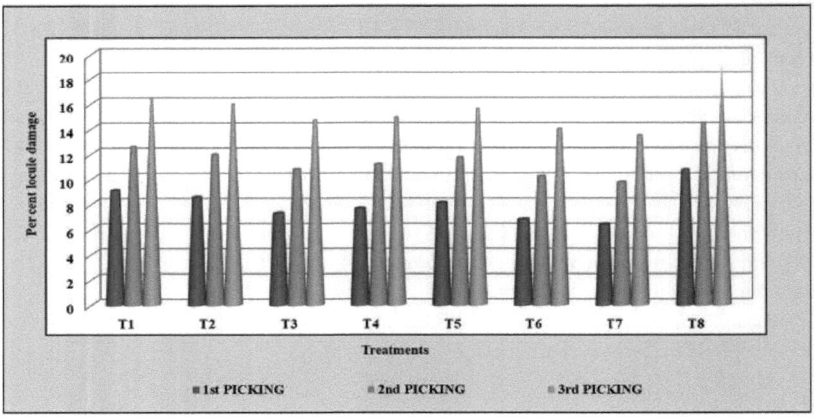

Fig. 4.21: Eficácia de diferentes combinações de insecticidas na percentagem de danos causados aos lóculos pelo bollworm rosa em sistema de plantação de alta densidade em algodão *Bt* durante três colheitas

registados no tratamento tiametoxame 12,6% + lambda-cialotrina 9,5% ZC (1,36), que estava a par de indoxacarbe 14,5% + acetamipride 7,7% SC (1,29) e acefato 50% + imidaclopride 1,8% SP (1,19), que foram seguidos por cloropirifos 50% + cipermetrina 5% CE (1.05), fipronil 4% + acetamipride 4% SC (0,94) e cipermetrina 3% + quinalfos 20% CE (0,81) apresentaram uma população mais baixa de escaravelho-das-rainhas do que os tratamentos supramencionados e foram semelhantes entre si, seguidos de piriproxifena 5% + fenpropatrina 15% CE (0,63), que apresentou a menor população.

Décimo quarto dia após a primeira pulverização

A população mais elevada de joaninhas foi registada na testemunha não tratada (1,84). Entre os tratamentos insecticidas, a população mais elevada de joaninhas foi registada no tratamento thiamethoxam 12,6% + lambdacyhalothrin 9,5% ZC (1,49), que foi igual a indoxacarb 14,5% + acetamiprid 7,7% SC (1,40), acephate 50% + imidachlopride 1,8% SP (1.32), cloropirifos 50% + cipermetrina 5% CE (1,25) e fipronil 4% + acetamipride 4% SC (1,19), seguidos de cipermetrina 3% + quinalfos 20% CE (0,95) e piriproxifena 5% + fenpropatrina 15% CE (0,75), apresentaram a população mais baixa de joaninhas e foram iguais entre si.

Quadro 4.16: Segurança de diferentes combinações de insecticidas no escaravelho da joaninha em sistema de plantação de alta densidade em algodão *Bt* durante a primeira pulverização

N.º de registo	Tratamento	Dosagem/ha	N.º de escaravelhos joaninha / planta			
			Primeira pulverização			
			PTC	3DAS	7DAS	14DAS
T1	Fipronil 4% + Acetamipride 4% SC	1000ml	1.46 (1.21)	1.16 (1.08)	0.94 (0.97)	1.19 (1.09)
T2	Piriproxifeno 5% + Fenpropatrina 15% CE	500ml	1.23 (1.11)	0.68 (0.82)	0.63 (0.79)	0.75 (0.87)
T3	Acefato 50% + Imidacloprida 1,8% SP	1000ml	1.34 (1.16)	1.28 (1.13)	1.19 (1.09)	1.32 (1.15)
T4	Cipermetrina 3% + Quinalfos 20% CE	1000ml	1.56 (1.25)	0.87 (0.93)	0.81 (0.90)	0.95 (0.97)
T5	Cloropirifos 50% + Cipermetrina 5% CE	1000ml	0.81 (0.90)	1.20 (1.10)	1.05 (1.02)	1.25 (1.12)
T6	Indoxacarbe 14,5% + Acetamipride 7,7% SC	400ml	1.15 (1.07)	1.35 (1.16)	1.29 (1.14)	1.40 (1.18)
T7	Tiametoxame 12,6% + Lambda-cialotrina 9,5% ZC	200ml	1.52 (1.23)	1.43 (1.20)	1.36 (1.17)	1.49 (1.22)
T8	Controlo não tratado		1.60 (1.26)	1.68 (1.30)	1.75 (1.32)	1.84 (1.36)
	SE(m)±		0.09	0.04	0.04	0.05
	CD a 5%		0.27	0.12	0.12	0.16
	CV (%)		NS	6.35	6.72	8.33

*Os valores entre parêntesis são valores transformados \x-0,5

4.2.1.4 Terceiro dia após a segunda pulverização

A população mais elevada de joaninhas foi registada na testemunha não tratada (2,00). Entre os tratamentos insecticidas, a população mais elevada de joaninhas foi registada no tratamento tiametoxame 12,6% + lambda-cialotrina 9,5% ZC (1,40), que foi igual ao indoxacarbe 14,5% + acetamipride 7,7% SC (1,31), acefato 50% + imidaclopride 1,8% SP (1,25) e cloropirifos 50% + cipermetrina 5% CE (1.18), indicando mais segurança para a joaninha, seguidos por fipronil 4% + acetamipride 4% SC (1,00) e cipermetrina 3% + quinalfos 20% CE (0,81), que foram iguais entre si, seguidos por piriproxifeno 5% + fenpropatrina 15% CE (0,63), que apresentaram a população mais baixa e prejudicial à joaninha.

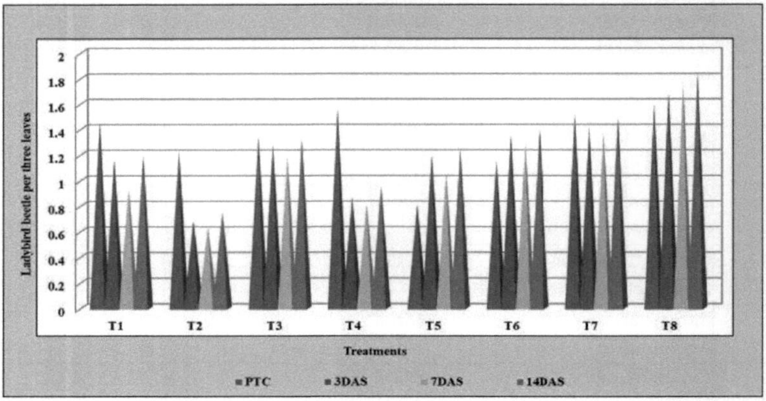

Fig. 4.22: Segurança de diferentes combinações de insecticidas no escaravelho da joaninha em sistema de plantação de alta densidade em algodão *Bt* durante a primeira pulverização

Sétimo dia após a segunda pulverização

A população mais elevada de joaninhas foi registada na testemunha não tratada (1,98). Entre os tratamentos insecticidas, a população mais elevada de joaninhas foi registada no tratamento tiametoxame 12,6% + lambda-cialotrina 9,5% ZC (1,34), que foi igual ao indoxacarbe 14.5% + acetamipride 7,7% SC (1,24) e acefato 50% + imidaclopride 1,8% SP (1,16), seguido de cloropirifos 50% + cipermetrina 5% CE (1,02), e fipronil 4% + acetamipride 4% SC (0,95). Os melhores tratamentos seguintes foram cipermetrina 3% + quinalfos 20% CE (0,71) e piriproxifeno 5% + fenpropatrina 15% CE (0,58).

Décimo quarto dia após a segunda pulverização

A população mais elevada de joaninhas foi registada na testemunha não tratada (2,01). Entre os tratamentos insecticidas, a população mais elevada de joaninhas foi registada no tratamento tiametoxame 12,6% + lambda-cialotrina 9,5% ZC (1,45), que foi igual ao indoxacarbe 14,5% + acetamipride 7,7% SC (1,39), acefato 50% + imidaclopride 1,8% SP (1.29), cloropirifos 50% + cipermetrina 5% CE (1,20) e fipronil 4% + acetamipride 4% SC (1,12), seguidos de cipermetrina 3% + quinalfos 20% CE (0,91) e piriproxifena 5% + fenpropatrina 15% CE (0,70), apresentaram a população mais baixa de joaninhas e foram iguais entre si.

Terceiro dia após a terceira pulverização

A população mais elevada de joaninhas foi registada na testemunha não tratada (2,21). Entre os tratamentos insecticidas, a população mais elevada de joaninhas foi registada no tratamento tiametoxame 12,6% + lambda-cialotrina 9,5% ZC (1,36), que foi igual ao indoxacarbe 14,5% + acetamipride 7,7% SC (1,26), acefato 50% + imidaclopride 1,8% SP (1.18), e cloropirifos 50% + cipermetrina 5% CE (1,07), seguidos de fipronil 4% + acetamipride 4% SC (0,98), cipermetrina 3% + quinalfos 20% CE (0,88) e piriproxifena 5% + fenpropatrina 15% CE (0,69), apresentaram a população mais baixa de joaninhas e foram iguais entre si.

Quadro 4.17: Segurança de diferentes combinações de insecticidas no escaravelho da joaninha em sistema de plantação de alta densidade em algodão *Bt* durante a segunda e terceira pulverizações

N.º de registo	Tratamento	Dosagem/ha	N.º de escaravelhos joaninha / planta							
			Segunda pulverização				Terceira pulverização			
			PTC	3DAS	7DAS	14DAS	PTC	3DAS	7DAS	14DAS
Ti	Fipronil 4% + Acetamipride 4% SC	1000ml	1.74 (1.32)	1.00 (1.00)	0.95 (0.97)	1.12 (1.06)	1.69 (1.30)	0.98 (0.99)	0.87 (0.93)	1.07 (1.03)
T2	Piriproxifeno 5% + Fenpropatrina 15% CE	500ml	1.42 (1.19)	0.63 (0.79)	0.58 (0.76)	0.70 (0.84)	1.36 (1.17)	0.69 (0.83)	0.65 (0.81)	0.73 (0.85)
T3	Acefato 50% + Imidaclopride 1,8% SP	1000ml	1.88 (1.37)	1.25 (1.12)	1.16 (1.08)	1.29 (1.14)	1.82 (1.35)	1.18 (1.09)	1.07 (1.03)	1.22 (1.10)
T_4	Cipermetrina 3% + Quinalfos 20% CE	1000ml	1.56 (1.25)	0.81 (0.90)	0.71 (0.84)	0.91 (0.95)	1.45 (1.20)	0.88 (0.94)	0.78 (0.88)	0.88 (0.94)
T_5	Cloropirifos 50% + Cipermetrina 5% CE	1000ml	1.80 (1.34)	1.18 (1.09)	1,02 (i.oi)	1.20 (1.09)	1.78 (1.33)	1.07 (1.03)	0.99 (0.99)	1.18 (1.09)
T6	Indoxacarbe 14,5% + Acetamipride 7,7% SC	400ml	1.93 (1.39)	1.31 (1.14)	1.24 (i.ii)	1.39 (1.18)	1.92 (1.39)	1.26 (1.12)	1.19 (1.09)	1.30 (1.14)
T_7	Tiametoxame 12,6% + Lambda-cialotrina 9,5% ZC	200ml	2.04 (1.43)	1.40 (1.18)	1.34 (1.16)	1.45 (1.20)	2.00 (1.42)	1.36 (1.17)	1.28 (1.13)	1.41 (1.19)
T_8	Controlo não tratado		2.40 (1.55)	2.00 (1.41)	1.98 (1.41)	2.01 (1.42)	2.50 (1.58)	2.21 (1.49)	2.06 (1.44)	2.30 (1.52)
	SE(m)±		0.07	0.05	0.04	0.05	0.08	0.05	0.04	0.06
	CD a 5%		0.22	0.14	0.11	0.14	0.24	0.17	0.11	0.18
	CV (%)		NS	7.58	5.81	7.16	NS	8.8	5.97	9.54

*Os valores entre parêntesis são valores transformados Vx+0,5

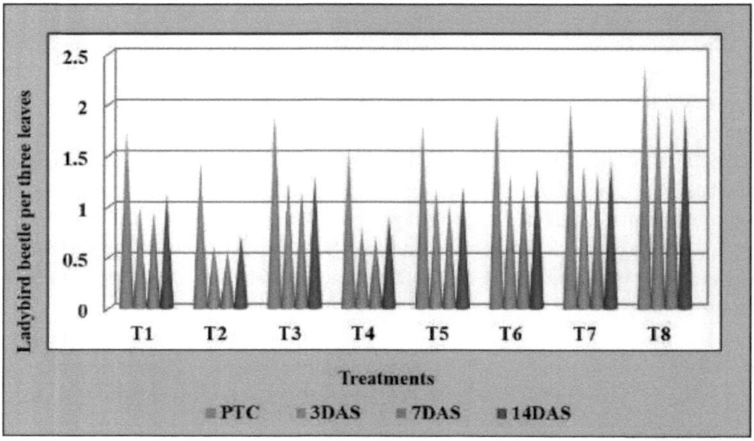

Fig. 4.23: Segurança de diferentes combinações de insecticidas no escaravelho da joaninha em sistema de plantação de alta densidade em algodão *Bt* durante a segunda pulverização

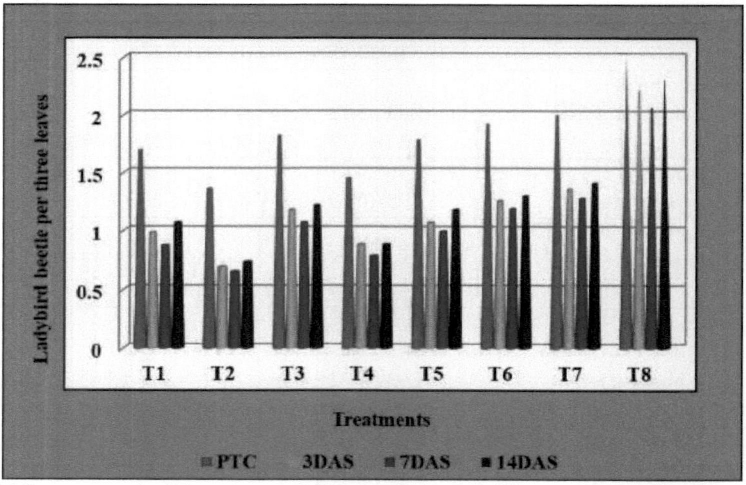

Fig 4.24 Segurança de diferentes combinações de insecticidas no escaravelho da joaninha em sistema de plantação de alta densidade em algodão *Bt* durante a terceira pulverização

Sétimo dia após a terceira pulverização

A população mais elevada de joaninhas foi registada na testemunha não tratada (2,06). Entre os tratamentos insecticidas, a população mais elevada de joaninhas foi registada no tratamento tiametoxame 12,6% + lambda-cialotrina 9,5% ZC (1,28), que foi igual a indoxacarbe 14,5% + acetamipride 7,7% SC (1,19) e acefato 50% + imidaclopride 1,8% SP (1,07), que foram seguidos por cloropirifos 50% + cipermetrina 5% CE (0.99), fipronil 4% + acetamipride 4% SC (0,87) e cipermetrina 3% + quinalfos 20% CE (0,78) apresentaram uma população mais baixa de escaravelho-das-rainhas do que os tratamentos supramencionados e foram semelhantes entre si, seguidos de piriproxifena 5% + fenpropatrina 15% CE (0,65), que apresentou a menor população.

Décimo quarto dia após a terceira pulverização

A população mais elevada de joaninhas foi registada no controlo não tratado (2,30). Entre os tratamentos insecticidas, a população mais elevada de joaninhas foi registada no tratamento tiametoxame 12,6% + lambda-cialotrina 9,5% ZC (1,41), que foi igual ao indoxacarbe 14,5% + acetamipride 7,7% SC (1,30), acefato 50% + imidaclopride 1,8% SP (1,22), cloropirifos 50% + cipermetrina 5% CE (1.18), e fipronil 4% + acetamipride 4% SC (1,07) indicaram maior segurança para a joaninha e todos foram iguais entre si, seguidos por cipermetrina 3% + quinalfos 20% CE (0,88) e piriproxifeno 5% + fenpropatrina 15% CE (0,73), que mostraram a menor população de joaninha e foram iguais entre si.

Aranha

Os dados relativos à avaliação da segurança da combinação de insecticidas contra o aranhiço em sistema de plantação de alta densidade em algodão *Bt* após pulverização são apresentados nos quadros 4.18 e 4.19 e representados nas figuras 4.25 a 4.27

Terceiro dia após a primeira pulverização

A maior população de aranhas foi registada no controlo não tratado (2,22). Entre os tratamentos insecticidas, a população mais elevada de aranhas foi registada no tratamento tiametoxame 12,6% + lambda-cialotrina 9,5% ZC (1,84), que foi igual ao indoxacarbe 14,5% + acetamipride 7,7% SC (1,76), acefato 50% + imidaclopride 1,8% SP (1,72), cloropirifos 50% + cipermetrina 5% CE (1.64), e fipronil 4% + acetamipride 4% SC (1,53), indicando maior segurança para a aranha e todos foram iguais entre si, seguidos por cipermetrina 3% + quinalfos 20% CE (1,41) e piriproxifeno 5% + fenpropatrina 15% CE (1,29), que mostraram a menor população de aranhas e foram iguais entre si.

Sétimo dia após a primeira pulverização

A maior população de aranhas foi registada na testemunha não tratada (2,16). Entre os tratamentos insecticidas, a população mais elevada de aranhas foi registada no tratamento tiametoxame 12,6% + lambda-cialotrina 9,5% ZC (1,75), que foi igual ao indoxacarbe 14,5% + acetamipride 7,7% SC (1,67), acefato 50% + imidaclopride 1,8% SP (1,65), cloropirifos 50% + cipermetrina 5% CE (1.52), e fipronil 4% + acetamipride 4% SC (1,46), e cipermetrina 3% + quinalfos 20% CE (1,33) indicando mais segurança para a aranha e todos foram iguais entre si, seguidos por piriproxifeno 5% + fenpropatrina 15% CE (1,19), que mostrou a menor população de aranha do que os tratamentos acima.

Décimo quarto dia após a primeira pulverização

A maior população de aranhas foi registada na testemunha não tratada (2,10). Entre os tratamentos insecticidas, a população mais elevada de aranhas foi registada no tratamento tiametoxame 12,6% + lambda-cialotrina 9,5% ZC (1,97), que foi igual ao indoxacarbe 14,5% + acetamipride 7,7% SC (1,88), acefato 50% + imidaclopride 1,8% SP (1,83), cloropirifos 50% + cipermetrina 5% CE (1.71), e fipronil 4% + acetamipride 4% SC (1,64) indicaram maior segurança para a aranha e todos foram iguais entre si, seguidos por cipermetrina 3% + quinalfos 20% CE (1,49) e piriproxifeno 5% + fenpropatrina 15% CE (1,34), que mostraram a menor população de aranhas e foram iguais entre si.

Terceiro dia após a segunda pulverização

A maior população de aranhas foi registada no controlo não tratado (2,10). Entre os tratamentos insecticidas, a população mais elevada de aranhas foi registada no tratamento tiametoxame 12,6% + lambda-cialotrina 9,5% ZC (1,98), que foi igual ao indoxacarbe 14,5%

+ acetamipride 7,7% SC (1,87), acefato 50% + imidaclopride 1.8% SP (1,79), cloropirifos 50% + cipermetrina 5% CE (1,67) e fipronil 4% + acetamipride 4% SC (1,56), que indicam maior segurança para a aranha e estão todos ao mesmo nível, seguidos de cipermetrina 3% + quinalfos 20% CE (1,45)

Quadro 4.18: Segurança de diferentes combinações de insecticidas contra o aranhiço em sistema de plantação de alta densidade em algodão *Bt* durante a primeira pulverização

N.º de registo	Tratamento	Dosagem/ha	N.º de aranhas / planta			
			Primeira pulverização			
			PTC	3DAS	7DAS	14DAS
T1	Fipronil 4% + Acetamipride 4% SC	1000ml	1.31 (1.14)	1.53 (1.24)	1.46 (1.21)	1.64 (1.28)
T2	Piriproxifeno 5% + Fenpropatrina 15% CE	500ml	1.22 (1.10)	1.29 (1.14)	1.19 (1.09)	1.34 (1.16)
T3	Acefato 50% + Imidacloprida 1,8% SP	1000ml	1.54 (1.24)	1.72 (1.31)	1.65 (1.28)	1.83 (1.35)
T4	Cipermetrina 3% + Quinalfos 20% CE	1000ml	2.02 (1.42)	1.41 (1.19)	1.33 (1.15)	1.49 (1.22)
T5	Cloropirifos 50% + Cipermetrina 5% CE	1000ml	1.66 (1.29)	1.64 (1.28)	1.52 (1.23)	1.71 (1.31)
T6	Indoxacarbe 14,5% + Acetamipride 7,7% SC	400ml	1.97 (1.40)	1.76 (1.33)	1.67 (1.29)	1.88 (1.37)
T7	Tiametoxame 12,6% + Lambda-cialotrina 9,5% ZC	200ml	1.76 (1.33)	1.84 (1.36)	1.75 (1.32)	1.97 (1.40)
T8	Controlo não tratado		1.84 (1.36)	2.22 (1.49)	2.16 (1.47)	2.10 (1.45)
	SE(m)±		0.08	0.05	0.06	0.05
	CD a 5%		0.24	0.16	0.2	0.14
	CV (%)		NS	7.26	8.96	6.24

*Os valores entre parêntesis são valores transformados \x-0,5

e o piriproxifeno 5% + fenpropatrina 15% CE (1,36), apresentaram a população mais baixa de aranhas e foram iguais entre si.

Sétimo dia após a segunda pulverização

A maior população de aranhas foi registada na testemunha não tratada (2,00). Entre os tratamentos insecticidas, a população mais elevada de aranhas foi registada no tratamento tiametoxame 12,6% + lambda-cialotrina 9,5% ZC (1,95), que foi igual ao indoxacarbe 14,5% + acetamipride 7,7% SC (1,87), acefato 50% + imidaclopride 1,8% SP (1,71) e cloropirifos 50% + cipermetrina 5% CE (1.62), indicando maior segurança para a aranha e todos foram iguais entre si, seguidos por fipronil 4% + acetamipride 4% SC (1,47), cipermetrina 3% + quinalfos 20% CE (1,39) e piriproxifeno 5% + fenpropatrina 15% CE (1,28), que mostraram a menor população de aranhas e foram iguais entre si.

Décimo quarto dia após a segunda pulverização

A maior população de aranhas foi registada na testemunha não tratada (2,32). Entre os tratamentos insecticidas, a população mais elevada de aranhas foi registada no tratamento tiametoxame 12,6% + lambda-cialotrina 9,5% ZC (2,06), que foi igual ao indoxacarbe 14,5% + acetamipride 7,7% SC (1,93), acefato 50% + imidaclopride 1,8% SP (1,86) e cloropirifos 50% + cipermetrina 5% CE (1.72), indicando maior segurança para a aranha e todos foram iguais entre si, seguidos por fipronil 4% + acetamipride 4% SC (1,66), cipermetrina 3% + quinalfos 20% CE (1,53) e piriproxifeno 5% + fenpropatrina 15% CE (1,41), que mostraram menor população de aranha e foram iguais entre si.

Terceiro dia após a terceira pulverização

A maior população de aranhas foi registada na testemunha não tratada (2,00). Entre os tratamentos insecticidas, a população mais elevada de aranhas foi registada no tratamento tiametoxame 12,6% + lambda-cialotrina 9,5% ZC (1,97), que foi igual ao indoxacarbe 14,5% + acetamipride 7,7% SC (1,88), acefato 50% + imidaclopride 1,8% SP (1,82), cloropirifos 50% + cipermetrina 5% CE (1.68), e fipronil 4% + acetamipride 4% SC (1,55), indicando maior segurança para a aranha e todos foram iguais entre si, seguidos por cipermetrina 3% + quinalfos 20% CE (1,44) e piriproxifeno 5% + fenpropatrina 15% CE (1,35), que mostraram a menor população de aranhas e foram iguais entre si.

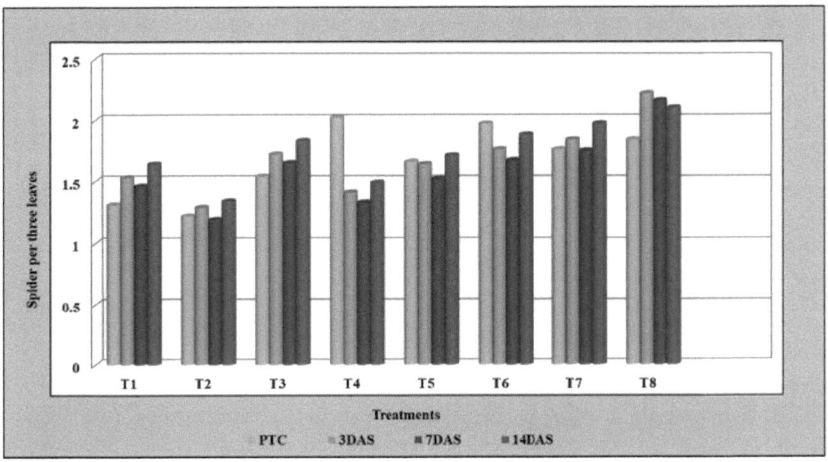

Fig. 4.25: Segurança de diferentes combinações de insecticidas contra a aranha em sistema de plantação de alta densidade em algodão *Bt* durante a primeira pulverização

Quadro 4.19: Segurança de diferentes combinações de insecticidas contra o aranhiço em

sistema de plantação de alta densidade em algodão *Bt* durante a segunda e terceira pulverizações

N.º de registo	Tratamento	Dosagem/ha	N.º de aranhas / planta							
			Segunda pulverização				Terceira pulverização			
			PTC	3DAS	7DAS	14DAS	PTC	3DAS	7DAS	14DAS
Ti	Fipronil 4% + Acetamipride 4% SC	1000ml	1.96 (1.40)	1.56 (1.25)	1.47 (1.21)	1.66 (1.29)	1.93 (1.39)	1.55 (1.24)	1.47 (1.21)	1.64 (1.28)
T2	Piriproxifeno 5% + Fenpropatrina 15% CE	500ml	1.42 (1.19)	1.36 (1.17)	1.28 (1.13)	1.41 (1.19)	1.56 (1.25)	1.35 (1.16)	1.29 (1.14)	1.38 (1.17)
T_3	Acefato 50% + Imidacloprida 1,8% SP	1000ml	1.89 (1.37)	1.79 (1.34)	1.71 (1.31)	1.86 (1.36)	2.06 (1.44)	1.82 (1.35)	1.67 (1.29)	1.84 (1.36)
T_4	Cipermetrina 3% + Quinalfos 20% CE	1000ml	1.53 (1.24)	1.45 (1.20)	1.39 (1.18)	1.53 (1.24)	1.68 (1.30)	1.44 (1.20)	1.37 (1.17)	1.56 (1.25)
T_5	Cloropirifos 50% + Cipermetrina 5% CE	1000ml	1.78 (1.33)	1.67 (1.29)	1.62 (1.27)	1.72 (1.31)	1.99 (1.41)	1.68 (1.30)	1.57 (1.25)	1.72 (1.31)
T6	Indoxacarbe 14,5% + Acetamipride 7,7% SC	400ml	1.95 (1.40)	1.87 (1.37)	1.87 (1.37)	1.93 (1.39)	2.15 (1.47)	1.88 (1.37)	1.85 (1.36)	1.96 (1.40)
T_7	Tiametoxame 12,6% + Lambda-cialotrina 9,5% ZC	200ml	2.12 (1.46)	1.98 (1.41)	1.95 (1.40)	2.06 (1.44)	2.26 (1.50)	1.97 (1.40)	1.94 (1.39)	2.09 (1.45)
T_8	Controlo não tratado		2.21 (1.49)	2.10 (1.45)	2.00 (1.41)	2.32 (1.52)	2.41 (1.55)	2.00 (1.41)	2.10 (1.45)	2.13 (1.46)
	SE(m)±		0.10	0.06	0.05	0.04	0.08	0.06	0.05	0.04
	CD a 5%		0.30	0.18	0.16	0.13	0.24	0.17	0.15	0.13
	C V (%)		NS	8	7.18	5.75	NS	7.42	6.54	5.68

*Os valores entre parêntesis são valores transformados Vx+0,5

Sétimo dia após a terceira pulverização

A maior população de aranhas foi registada na testemunha não tratada (2,10). Entre os tratamentos insecticidas, a população mais elevada de aranhas foi registada no tratamento tiametoxame 12,6% + lambda-cialotrina 9,5% ZC (1,94), que foi igual ao indoxacarbe 14,5% + acetamipride 7,7% SC (1,85), acefato 50% + imidaclopride 1,8% SP (1,67) e cloropirifos 50% + cipermetrina 5% CE (1.57), indicando mais segurança para a aranha e todos foram iguais entre si, seguidos por fipronil 4% + acetamiprida 4% SC (1,47), cipermetrina 3% + quinalfos 20% CE (1,37) e piriproxifeno 5% + fenpropatrina 15% CE (1,29), mostraram menor população de aranha e foram iguais entre si.

Décimo quarto dia após a terceira pulverização

A maior população de aranhas foi registada na testemunha não tratada (2,13). Entre os tratamentos insecticidas, a população mais elevada de aranhas foi registada no tratamento tiametoxame 12,6% + lambda-cialotrina 9,5% ZC (2,09), que foi igual ao indoxacarbe 14,5% + acetamipride 7,7% SC (1,96) e acefato 50% + imidaclopride 1,8% SP (1.84), que eram mais seguros, seguidos de cloropirifos 50% + cipermetrina 5% CE (1,72), fipronil 4% + acetamipride 4% SC (1,64) e cipermetrina 3% + quinalfos 20% CE (1,56), que apresentavam uma população de aranhas inferior à dos tratamentos supramencionados e eram semelhantes entre si, seguidos de piriproxifena 5% + fenpropatrina 15% CE (1,38).

Lacewing verde

Os dados relativos à avaliação da segurança da combinação de insecticidas contra o crisomelídeo em sistema de plantação de alta densidade em algodão *Bt*, após pulverização, são apresentados nos quadros 4.20 e 4.21 e nas figuras 4.28 e 4.30

Terceiro dia após a primeira pulverização

A população mais elevada de crisopídeos verdes foi registada no controlo não tratado (0,87). Entre os tratamentos insecticidas, a população mais elevada de crisopídeos verdes foi registada no tratamento tiametoxame 12,6% + lambda-cialotrina 9,5% ZC (0,85), que foi igual a indoxacarbe 14,5% + acetamipride 7,7% SC (0,78), seguido de acefato 50% + imidaclopride 1,8% SP (0,69), igual a cloropirifos 50% + cipermetrina 5%

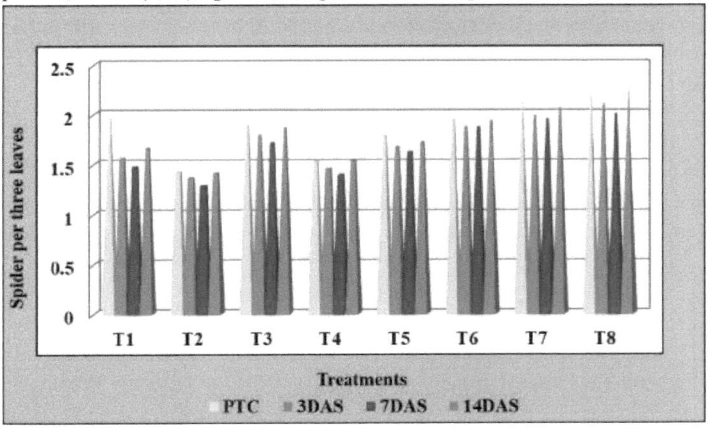

Fig. 4.26: Segurança de diferentes combinações de insecticidas sobre a aranha em sistema de plantação de alta densidade em algodão *Bt* durante a segunda pulverização

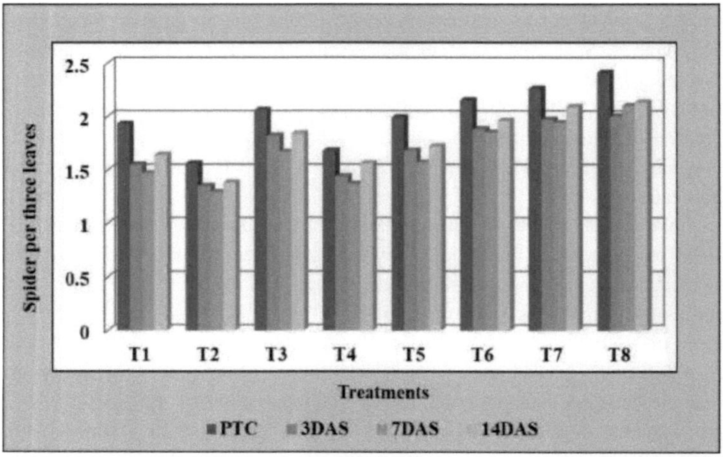

Fig. 4.27: Segurança de diferentes combinações de insecticidas sobre a aranha em sistema de plantação de alta densidade em algodão *Bt* durante a terceira pulverização

CE (0,56), indicando maior segurança para o crisopídeo verde. Os tratamentos seguintes fipronil 4% + acetamipride 4% SC (0,38), cipermetrina 3% + quinalfos 20% CE (0,26) e O piriproxifeno 5% + fenpropatrina 15% CE (0,17) apresentou uma população de crisopídeos mais baixa do que os tratamentos anteriores.

Quadro 4.20: Segurança de diferentes combinações de insecticidas sobre o crisopídeo verde em sistema de plantação de alta densidade em algodão *Bt* durante a primeira pulverização

N.º de registo	Tratamento	Dosagem/ha	N.º de crisopídeos verdes / planta			
			Primeira pulverização			
			PTC	3DAS	7DAS	14DAS
Ti	Fipronil 4% + Acetamipride 4% SC	1000ml	0,79 (0,89)	0,38 (0,62)	0,26 (0,51)	0,54 (0,73)
T2	Piriproxifeno 5% + Fenpropatrina 15% CE	500ml	0.85 (0.92)	0.17 (0.41)	0.14 (0.37)	0.27 (0.52)
T3	Acefato 50% + Imidacloprida 1,8% SP	1000ml	0.91 (0.95)	0.69 (0.83)	0.53 (0.73)	0.76 (0.87)
T4	Cipermetrina 3% + Quinalfos 20% CE	1000ml	0.72 (0.85)	0.26 (0.51)	0.20 (0.45)	0.32 (0.57)
T5	Cloropirifos 50% + Cipermetrina 5% CE	1000ml	0.95 (0.97)	0.56 (0.75)	0.40 (0.63)	0.61 (0.78)
T6	Indoxacarbe 14,5% + Acetamipride 7,7% SC	400ml	0.80 (0.89)	0.78 (0.88)	0.69 (0.83)	0.85 (0.92)
T7	Tiametoxame 12,6% + Lambda-cialotrina 9,5% ZC	200ml	0.76 (0.87)	0.85 (0.92)	0.78 (0.88)	0.87 (0.93)
T8	Controlo não tratado		0.81 (0.90)	0.87 (0.93)	0.98 (0.99)	1.06 (1.03)
	SE(m)±		0.04	0.03	0.03	0.03

	CD a 5%		0.11	0.08	0.09	0.09
	CV (%)		7.02	6.41	7.86	6.18

*Os valores entre parêntesis são valores transformados \x-0,5

Sétimo dia após a primeira pulverização

A população mais elevada de crisopídeos foi registada no controlo não tratado (0,98). Entre os tratamentos insecticidas, a população mais elevada de crisopídeos foi registada no tratamento tiametoxame 12,6% + lambda-cialotrina 9,5% ZC (0,78), que foi igual ao indoxacarbe 14,5% + acetamipride 7,7% SC (0,69). Os tratamentos acefato 50% + imidacloprida 1,8% SP mostraram (0,53), cloropirifos 50% + cipermetrina 5% CE (0,40), fipronil 4% + acetamipride 4% SC (0,26), cipermetrina 3% + quinalfos 20% CE (0,20) e piriproxifeno 5% + fenpropatrina 15% CE (0,14) mostraram uma população de crisopídeos verde inferior à dos tratamentos acima referidos.

Décimo quarto dia após a primeira pulverização

A população mais elevada de crisopídeos foi registada no controlo não tratado (1,06). Entre os tratamentos insecticidas, a população mais elevada de crisopídeos verdes foi registada no tratamento tiametoxame 12,6% + lambda-cialotrina 9,5% ZC (0,87), que foi igual ao indoxacarbe 14,5% + acetamipride 7,7% SC (0.85) e acefato 50% + imidaclopride 1,8% SP (0,76), seguidos dos tratamentos cloropirifos 50% + cipermetrina 5% CE (0,61), a par de fipronil 4% + acetamipride 4% SC (0,54), que foram mais seguros para o crisopídeo verde. A cipermetrina 3% + quinalfos 20% CE (0,32) e a piriproxifena 5% + fenepropatrina 15% CE (0,27) apresentaram uma população mais baixa de crisopídeos do que os tratamentos acima referidos e estão ao mesmo nível.

Terceiro dia após a segunda pulverização

A população mais elevada de crisopídeos foi registada no controlo não tratado (1,04). Entre os tratamentos insecticidas, a população mais elevada de crisopídeos verdes foi registada no tratamento tiametoxame 12,6% + lambda-cialotrina 9,5% ZC (0,86), a par de indoxacarbe 14,5% + acetamipride 7,7% SC (0,80) e acefato 50% + imidaclopride 1,8% SP (0,71), seguido dos tratamentos cloropirifos 50% + cipermetrina 5% EC (0.58) a par de fipronil 4% + acetamipride 4% SC (0,45), que eram mais seguros para o crisopídeo verde, seguidos de cipermetrina 3% + quinalfos 20% CE (0,30) e piriproxifeno 5% + fenpropatrina 15% CE (0,22), que mostraram uma população mais baixa de crisopídeos verdes do que os tratamentos acima referidos e que eram semelhantes entre si.

Sétimo dia após a segunda pulverização

A população mais elevada de crisopídeos foi registada no controlo não tratado (1,00). Entre os tratamentos insecticidas, a população mais elevada de crisopídeos foi registada no tratamento tiametoxame 12,6% + lambda-cialotrina 9,5% ZC (0,80), que foi igual ao indoxacarbe 14,5% + acetamipride 7,7% SC (0,72) e ao acefato 50% + imidaclopride 1,8% SP (0,67), seguido do tratamento cloropirifos 50% + cipermetrina 5% CE (0,53), que foi mais seguro para os crisopídeos. Os tratamentos seguintes, fipronil 4% + acetamipride 4% SC (0,31), cipermetrina 3% + quinalfos 20% CE (0,25) e piriproxifeno 5% + fenpropatrina 15% CE (0,20), apresentaram uma população de crisopídeos inferior à dos tratamentos anteriores e foram equivalentes entre si.

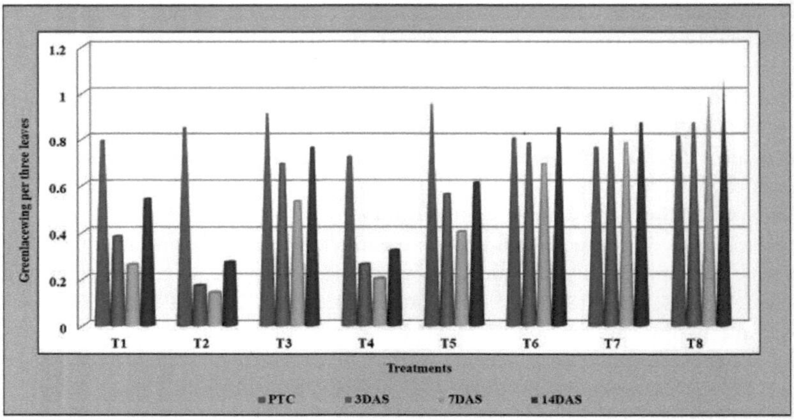

Fig. 4.28: Segurança de diferentes combinações de insecticidas sobre o crisopídeo verde em sistema de plantação de alta densidade em algodão *Bt* durante a primeira pulverização

Quadro 4.21: Segurança de diferentes combinações de insecticidas no crisomelídeo em sistema de plantação de alta densidade em algodão *Bt* durante a segunda e terceira pulverizações

N.º de registo	Tratamento	Dosagem/ha	N.º de crisopídeos verdes / planta							
			Segunda pulverização				Terceira pulverização			
			PTC	3DAS	7DAS	14DAS	PTC	3DAS	7DAS	14DAS
Ti	Fipronil 4% + Acetamipride 4% SC	1000ml	0.68 (0.83)	0.45 (0.67)	0.31 (0.56)	0.67 (0.82)	0.77 (0.88)	0.54 (0.73)	0.40 (0.63)	0.70 (0.84)
T2	Piriproxifeno 5% + Fenpropatrina 15% CE	500ml	0.28 (0.53)	0.22 (0.47)	0.20 (0.45)	0.31 (0.56)	0.43 (0.66)	0.29 (0.54)	0.24 (0.49)	0.35 (0.59)
T3	Acefato 50% + Imidacloprida 1,8% SP	1000ml	0.76 (0.87)	0.71 (0.84)	0.67 (0.82)	0.81 (0.90)	0.91 (0.95)	0.76 (0.87)	0.68 (0.82)	0.83 (0.91)
T4	Cipermetrina 3% +	1000ml	0.35	0.30	0.25	0.39	0.51	0.34	0.27	0.43

	Quinalfos 20% CE		(0.59)	(0.55)	(0.50)	(0.62)	(0.71)	(0.58)	(0.52)	(0.66)
T_5	Cloropirifos 50% + Cipermetrina 5% CE	1000ml	0.63 (0.79)	0.58 (0.76)	0.53 (0.73)	0.71 (0.84)	0.82 (0.91)	0.64 (0.80)	0.62 (0.79)	0.72 (0.85)
T_6	Indoxacarbe 14,5% + Acetamipride 7,7% SC	400ml	0.86 (0.93)	0.80 (0.89)	0.72 (0.85)	0.88 (0.94)	0.97 (0.98)	0.78 (0.88)	0.71 (0.84)	0.89 (0.94)
T_7	Tiametoxame 12,6% + Lambda-cialotrina 9,5% ZC	200ml	0.89 (0.94)	0.86 (0.93)	0.80 (0.89)	0.93 (0.96)	1.03 (1.01)	0.87 (0.93)	0.75 (0.87)	0.90 (0.95)
T_8	Controlo não tratado		1.07 (1.03)	1.04 (1.02)	1.00 (1.00)	1.10 (1.05)	1.31 (1.14)	1.13 (1.06)	1.14 (1.07)	1.05 (1.02)
	SE(m)±		0.04	0.04	0.04	0.03	0.03	0.04	0.02	0.05
	CD a 5%		0.13	0.12	0.11	0.11	0.08	0.12	0.08	0.14
	CV (%)		NS	9.2	8.99	7.23	NS	8.27	5.74	9.81

*Os valores entre parêntesis são valores transformados Vx+0,5

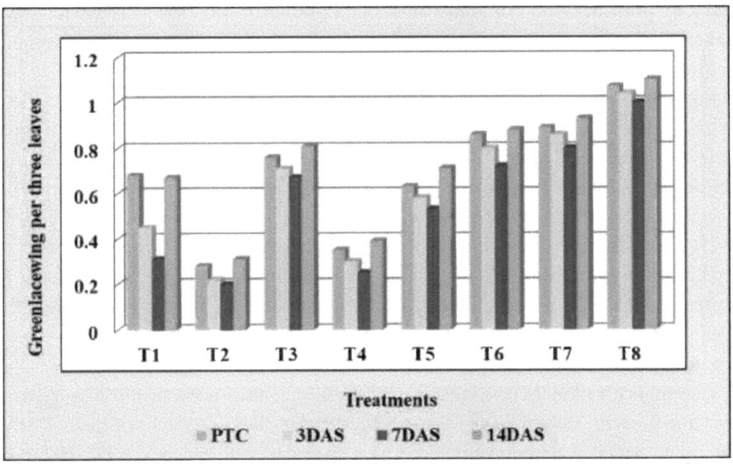

Fig. 4.29: Segurança de diferentes combinações de insecticidas sobre o crisopídeo verde em sistema de plantação de alta densidade em algodão *Bt* durante a segunda pulverização

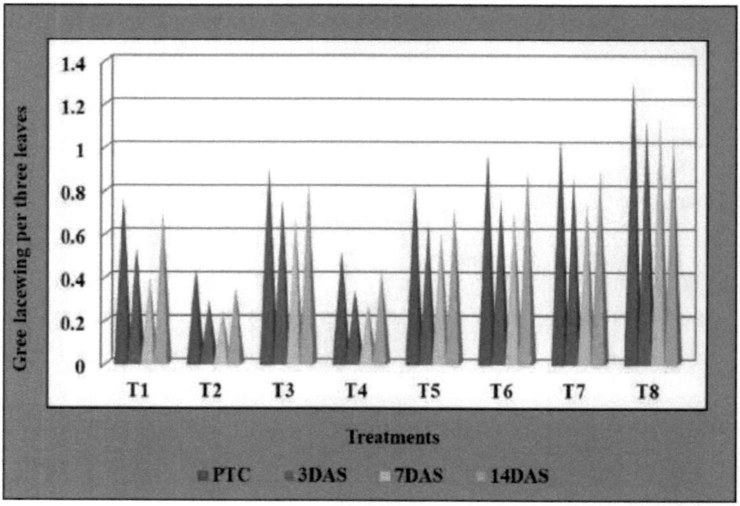

Fig. 4.30: Segurança de diferentes combinações de insecticidas sobre o crisopídeo verde em sistema de plantação de alta densidade em algodão *Bt* durante a terceira pulverização

Décimo quarto dia após a segunda pulverização

A população mais elevada de crisopídeos foi registada no controlo não tratado (1,10). Entre os tratamentos insecticidas, a população mais elevada de crisopídeos verdes foi registada no tratamento tiametoxame 12,6% + lambda-cialotrina 9,5% ZC (0,93), que foi igual ao indoxacarbe 14,5% + acetamipride 7,7% SC (0.88) e acefato 50% + imidaclopride 1,8% SP (0,81), seguidos dos tratamentos cloropirifos 50% + cipermetrina 5% CE (0,71), a par de fipronil 4% + acetamipride 4% SC (0,67), que foram mais seguros para o crisopídeo verde. A cipermetrina 3% + quinalfos 20% CE (0,39) e a piriproxifena 5% + fenepropatrina 15% CE (0,31) apresentaram uma população mais baixa de crisopídeos do que os tratamentos acima referidos e estão ao mesmo nível.

Terceiro dia após a terceira pulverização

A população mais elevada de crisopídeos verdes foi registada no controlo não tratado (1,13). Entre os tratamentos insecticidas, a população mais elevada de crisopídeos verdes foi registada no tratamento tiametoxame 12,6% + lambda-cialotrina 9,5% ZC (0,87), que foi igual ao indoxacarbe 14,5% + acetamipride 7,7% SC (0.78) e acefato 50% + imidaclopride 1,8% SP (0,76), seguidos dos tratamentos cloropirifos 50% + cipermetrina 5% CE (0,64), a par de fipronil 4% + acetamipride 4% SC (0,54), que foram mais seguros para o crisopídeo verde. A cipermetrina 3% + quinalfos 20% CE (0,34) e a piriproxifena 5% + fenepropatrina 15% CE (0,29) apresentaram uma população mais baixa de crisopídeos do que os tratamentos acima referidos e estão ao mesmo nível.

Sétimo dia após a terceira pulverização

A população mais elevada de crisopídeos foi registada no controlo não tratado (1,14). Entre os tratamentos insecticidas, a população mais elevada de crisopídeos foi registada no tratamento tiametoxame 12,6% + lambda-cialotrina 9,5% ZC (0,75), que foi igual ao indoxacarbe 14,5% + acetamipride 7,7% SC (0,71), acefato 50% + imidaclopride 1,8% SP (0,68) e cloropirrifos

50% + cipermetrina 5% CE (0,62), que foram mais seguros para os crisopídeos. A cipermetrina 3% + quinalfos 20% CE (0,27) e a piriproxifena 5% + fenpropatrina 15% CE (0,24) apresentaram uma população mais baixa de crisopídeos do que os tratamentos acima referidos e são semelhantes entre si.

Décimo quarto dia após a terceira pulverização

A população mais elevada de crisopídeos foi registada no controlo não tratado (1,05). Entre os tratamentos insecticidas, a população mais elevada de crisopídeos verdes foi registada no tratamento tiametoxame 12,6% + lambda-cialotrina 9,5% ZC (0,90), que foi igual ao indoxacarbe 14,5% + acetamipride 7.7% SC (0,89) e acefato 50% + imidaclopride 1,8% SP (0,83), seguidos dos tratamentos cloropirifos 50% + cipermetrina 5% EC (0,72) e fipronil 4% + acetamipride 4% SC (0,70), que foram mais seguros para o crisopídeo verde. A cipermetrina 3% + quinalfos 20% CE (0,43) e a piriproxifena 5% + fenepropatrina 15% CE (0,35) apresentaram uma população de crisopídeos mais baixa do que os tratamentos acima referidos e são semelhantes entre si.

(2017) avaliaram o desempenho de um inseticida de mistura pronta, Alika 247 ZC (tiametoxame 12,6 por cento + lambda-cialotrina 9,5 por cento) relatado em três doses diferentes contra tripes durante os meses de setembro- outubro de 2012 e 2013 em duas regiões agro-climáticas diferentes de cultivo de chá, *ou seja,* Terai e Dooars de Bengala Ocidental. O resultado revelou que no local I, Alika 247 ZC @33 g *a.i.* ha^{-1} foi o melhor tratamento na redução de tripes (98,42 e 98,54 por cento de redução). Enquanto que, no local II, os valores correspondentes foram 98,98 e 99,20% de redução da população de tripes. O Alika 247 ZC também foi relativamente seguro para os predadores naturais importantes encontrados no ecossistema do chá

Bharpoda *et al.* (2014) avaliaram nove insecticidas sintéticos contra cigarrinhas, moscas brancas, tripes e pulgões na variedade de algodão RCH-2 *Bt* (BG-II) durante três anos consecutivos, *ou seja,* 2009, 2010 e 2012. Entre os diferentes insecticidas, o imidaclopride 0,008% (7,50 pulgões e 1,47 moscas brancas/folha) e o tiametoxano 0,0125% (1,22 cigarrinhas/folha) foram mais eficazes e mais seguros para os inimigos naturais, nomeadamente *Chrysoperla carnea*, aranhas e coccinelídeos. O rendimento mais elevado de algodão em caroço (30,81 q/ha) foi obtido a partir de culturas tratadas com imidaclopride, seguido de tiametoxame (26,01 q/ha). A relação custo-benefício incremental mais elevada (1: 16,54) foi registada com o imidaclopride, seguido do acetamipride (11,06), do acefato (10,38) e do tiametoxame (7,05).

Hugar e Udikeri (2022) Foram efectuadas duas experiências de campo para avaliar a eficácia do imidaclopride 6% + lambda-cialotrina 4% SL contra pragas sugadoras.

Os resultados mostraram que a dose mais elevada de imidaclopride 6% + lambda-cialotrina 4% SL@ 500 ml/ha resultou numa redução das pragas sugadoras em comparação com o controlo não tratado. Foi igual à sua dose mais baixa@ 450 ml/ha. Não houve diferença significativa nas contagens de larvas e adultos de coccinelídeos e no número de crisopídeos. Assim, o imidaclopride 6% + lambda-cialotrina 4% SL pode ser utilizado para a gestão de pragas sugadoras sem qualquer efeito sobre insectos não visados.

Eficácia de diferentes combinações de insecticidas no rendimento do algodão em caroço em sistema de plantação de alta densidade em algodão *Bt* durante três colheitas

Os dados sobre o rendimento do algodão em caroço (q/ha) foram registados e apresentados no quadro 4.22 e na Fig. 4.31

Todos os tratamentos insecticidas foram significativamente superiores no registo de maior rendimento de algodão em caroço em relação ao controlo não tratado. O rendimento significativamente mais elevado do algodão em caroço foi registado no tratamento tiametoxame 12,6% + lambda-cialotrina 9,5% ZC (13,00), que foi igual ao indoxacarbe 14,5% + acetamipride 7,7% SC (12,00), seguido dos tratamentos acefato 50% + imidaclopride 1,8% SP (11,00), cipermetrina 3% + quinalfos 20% CE (10.50) e cloropirifos 50% + cipermetrina 5% CE (9,00) registaram um rendimento mais elevado de algodão em caroço e foram iguais entre si, seguidos de piriproxifeno 5% + fenepropatrina 15% CE (8,50) e fipronil 4% + acetamipride 4% SC (8,00) registaram um rendimento de algodão em caroço inferior aos tratamentos acima referidos e ambos foram iguais entre si. O rendimento mais baixo de algodão em caroço foi encontrado no controlo não tratado (7,00).

Os resultados são semelhantes aos de Udikeri *et al.* (2010), que efectuaram o estudo de bioeficácia para pragas sugadoras do algodão com um produto combinado de tiametoxame 141 SC + λ-cialotrina 106 SC. A população de tripes, cigarrinhas e pulgões foi reduzida para um nível inferior ao ETL com diferentes dosagens de novos produtos químicos. O rendimento do algodão em caroço foi significativamente mais elevado. Foi observada a eficácia do tiametoxame contra as pragas sugadoras, tendo o produto químico sido eficaz contra tripes e cigarrinhas e obtido o maior rendimento de algodão em caroço. A superioridade da lambda-cialotrina contra o bollworm, especialmente o bollworm cor-de-rosa, foi bem documentada.

Jadav *et al.* (2009) estudaram a bioeficácia do novo inseticida acetamipride 2% + indoxacarbe 15% SC contra o complexo de bollworms do algodão. Foram realizados estudos para avaliar a eficácia de determinados insecticidas mais recentes, isoladamente e em combinação, contra o complexo de bollworms do algodão. O tratamento acetamapride 2%+indoxacarbe 15% @ 20 e 150 g *a.i.*/ha foi o tratamento superior no controlo da percentagem de infestação em corpos de frutificação (quadrados, flores, cápsulas verdes), seguido de acetamapride 2%+indoxacarbe 15% @ 12 e 90 g *a.i.*/ha e acetamapride 2%+indoxacarbe 15% @ 10 e 75 g *a.i.*/ha. A percentagem mais baixa de infestação em lóculos na colheita devido a bollworms foi observada nos tratamentos combinados acetamapride 2%+indoxacarbe 15% @ 20 e 150 g *a.i.*/ha. O maior rendimento de algodão em caroço foi obtido com o tratamento acetamapride 2%+indoxacarbe 15% @ 20 e 150 g *a.i.*/ha (12,45 q/ha).

Quadro 4.22: Eficácia de diferentes combinações de insecticidas no rendimento do algodão em caroço em sistema de plantação de alta densidade em algodão *Bt* durante três colheitas

N.º de registo	Tratamento	Dosagem/ha	Rendimento do algodão em caroço (q/ha)
T1	Fipronil 4% + Acetamipride 4% SC	1000ml	8.00
T2	Pyriproxifen 5% + Fenpropathrin 15% CE	500ml	8.50
T3	Acefato 50% + Imidacloprida 1,8% SP	1000ml	11.00
T4	Cipermetrina 3% + Quinalfos 20% CE	1000ml	10.50
T5	Cloropirifos 50% + Cipermetrina 5% CE	1000ml	9.00
T6	Indoxacarbe 14,5% + Acetamipride 7,7% SC	400ml	12.00
T7	Tiametoxame 12,6% +	200ml	13.00

	Lambda-cialotrina 9,5% ZC		
T8	Controlo não tratado		7.00
	SE(m)±		0.65
	CD a 5%		1.98
	CV (%)		11.98

4.4 Eficácia de diferentes combinações de insecticidas sobre o I.C.B.R. no algodão *Bt* em sistema de plantação de alta densidade

Os dados gerados sobre a relação custo-benefício incremental de diferentes combinações de insecticidas contra as principais pragas de insectos do algodão *Bt* em sistema de plantação de alta densidade estão tabulados no Quadro 4.23 e na Fig. 4.32.

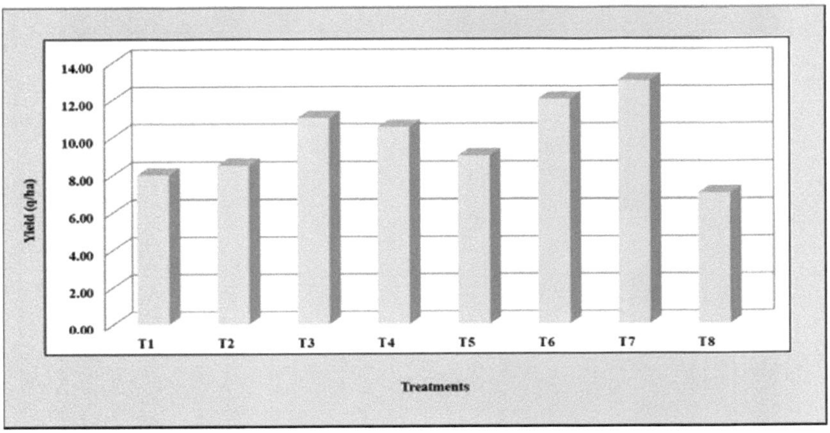

Fig. 4.31: Eficácia de diferentes combinações de insecticidas no rendimento do algodão em caroço em sistema de plantação de alta densidade em algodão *Bt* durante três colheitas

Prato 5: Colheita e rendimento do algodão

Entre todos os tratamentos, o rácio custo-benefício incremental mais elevado foi atingido pelo tiametoxame 12,6% + lambda-cialotrina 9,5% ZC (1:18,88), seguido pelo acefato 50% + imidaclopridа 1,8% SP (1:11.55), cipermetrina 3% + quinalfos 20% CE (1:10.78), cloropirifos 50% + cipermetrina 5% CE (1:10.36), piriproxifena 5% + fenepropatrina 15% CE (1:6.39), indoxacarbe 14.5% + acetamipride 7.7% SC (1:5.51), e fipronil 4% + acetamipride 4% SC (1:4.91).

As presentes investigações estão em harmonia com as descobertas de Bavisa *et al.* (2018), o resultado revelou que o menor índice de pulgões foi observado em parcelas tratadas com tiametoxam 12,6% + lambda cialotrina 9,50% @ 0,015% e estava a par com flonicamida

0,002% e imidaclopride 0,005%. A ordem de eficácia dos insecticidas sintéticos foi tiametoxame 12,6% + lambda-cialotrina 9,50% @ 0,015% > imidaclopride 40% + fipronil 40% w/w 80% WG 0,03% > fipronil 5% SC 0,05% > dinotefurano 20% SG 0,008%. Considerando a eficácia, o rendimento e a economia dos insecticidas, o tiametoxame 12,6% + lambda-cialotrina 9,50% @ 0,015% foi considerado o mais eficaz e económico para o controlo do afídeo da mostarda.

De acordo com Padaliya *et al.* (2018), o NICBR mais elevado (1:8,57) foi obtido com o tratamento tiametoxame 12,6% + lambdacialotrina 9,5% ZC e acefato 50% + imidacloprida 1,8% SP (1:7,44).

Tabela 4.23: Eficácia de diferentes combinações de insecticidas sobre o I.C.B.R. no algodão *Bt* em sistema de plantação de alta densidade

N.º de registo	Tratamento	Rendimento (q/ha)	Aumento do rendimento em relação ao controlo (q/ha)	Custo dos insecticidas para 3 pulverizações (Rs/ha)	Custos de mão de obra para 3 pulverizações (Rs/ha)	Custo total (Rs/ha)	Valor do rendimento adicional em relação ao controlo (Rs/ha)	Benefício incremental (Rs/ha)	I.C.B.R.	Classificação
Ti	Fipronil 4% + Acetamipride 4% SC	8.00	1.00	6057	2052	8109	48,000	39,891	1:4.91	7
T2	Piriproxifeno 5% + Fenpropatrina 15% CE	8.50	1.50	4852	2052	6894	51,000	44,106	1: 6.39	5
T_3	Acefato 50% + Imidacloprida 1,8% SP	11.00	4.00	3204	2052	5256	66,000	60,744	1: 11.55	2
T_4	Cipermetrina 3% + Quinalfos 20% CE	10.50	3.50	3294	2052	5346	63,000	57,654	1: 10.78	3
T_5	Cloropirifos 50% + Cipermetrina 5%	9.00	2.00	2700	2052	4752	54,000	49,248	1: 10.36	4

	CE									
T6	Indoxacarbe 14,5% + Acetamipride 7,7% SC	12.00	5.00	9000	2052	11052	72,000	60,948	1: 5.51	**6**
T_7	Tiametoxame 12,6% + Lambda-cialotrina 9,5% ZC	13.00	6.00	1871	2052	3923	78,000	74,077	1: 18.88	**1**
T_8	Controlo não tratado	7.00	-	-	-	-	-	-	-	-

Preço de venda do algodão 6000 Rs por quintal

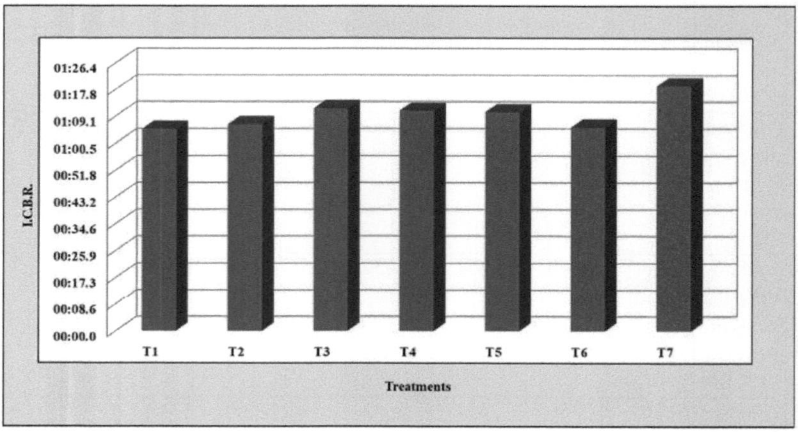

Fig. 4.32: Eficácia de diferentes combinações de insecticidas sobre o I.C.B.R. no algodão *Bt* em sistema de plantação de alta densidade

CAPÍTULO V

RESUMO E CONCLUSÕES

O algodão é uma das principais fibras e culturas de rendimento da Índia e desempenha um papel importante nos assuntos económicos, políticos e sociais do mundo. Enquanto produto comercial, o algodão desempenha um papel importante na indústria têxtil, tanto em termos de criação de emprego como de divisas. O algodão *Bt* foi desenvolvido na Índia a partir de 26 de março de 2002 pelo Governo indiano para cultivo comercial. O algodão *Bt* foi especialmente desenvolvido para os bollworms, mas as pragas sugadoras estão a emergir como principais pragas de insectos, causando graves perdas de rendimento. Estes insectos são controlados por insecticidas e as pragas sugadoras não são sensíveis às toxinas *Bt*. Por conseguinte, foram realizadas investigações para estudar a bioeficácia da combinação de insecticidas contra as principais pragas de insectos e para avaliar a segurança da combinação de insecticidas contra insectos benéficos do algodão *Bt* em sistema de plantação de alta densidade na quinta de investigação, Departamento de Entomologia Agrícola, VNMKV, Parbhani (Maharashtra) durante a Kharif 2022. Os resultados obtidos no decurso da investigação são resumidos em seguida.

Bioeficácia da combinação de insecticidas contra as principais pragas de insectos do algodão *Bt* em sistema de plantação de alta densidade.

Os estudos sobre a eficácia da combinação de insecticidas contra as principais pragas de insectos do algodão *Bt* em sistema de plantação de alta densidade indicaram que todos os tratamentos insecticidas foram considerados significativamente superiores no registo do número mínimo de pragas sugadoras e bollworms em relação ao controlo não tratado. Na maioria dos casos, entre todos os tratamentos insecticidas, o tiametoxame 12,6% + lamdaci-halotrina 9,5% ZC foi considerado o mais eficaz na redução da população de afídeos, jassídeos e moscas brancas, a par do indoxacarbe 14,5% + acetamipride 7,7% SC, do acefato 50% + imidaclopride 1.8% SP e Fipronil 4% + Acetamipride 4% SC, ao passo que a cipermetrina 3% + quinalfos 20% CE e a piriproxifena 5% + fenpropartrina 15% CE foram considerados menos eficazes na redução da população de parasitas sugadores, mas, no caso dos tripes, o Fipronil 4% + Acetamipride 4% SC foi o primeiro tratamento mais eficaz, seguido do Tiametoxame 12.6% + Lamdacyhalothrin 9.5% ZC, Indoxacarb 14.5% + Acetamiprid 7.7% SC na redução da população de tripes após cada pulverização.

O tratamento Thiamethoxam 12,6% + Lamdacyhalothrin 9,5% ZC, registou um número significativamente mínimo de população larvar de bollworm americano e rosa, percentagem mínima de corpos de frutificação verdes devido ao bollworm americano e percentagem mínima de flores em roseta, danos em cápsulas abertas e danos em lóculos devido ao bollworm rosa e percentagem mínima de danos em cápsulas verdes devido ao bollworm americano e rosa, seguido de Indoxacarb 14.5% + acetamipride 7,7% SC, acefato 50% + imidaclopride 1,8% SP e cipermetrina 3% + quinalfos 20% CE, enquanto que a piriproxifena 5% + fenpropartrina 15% CE e o fipronil 4% + acetamipride 4% SC foram considerados menos eficazes contra a população larvar, os corpos de frutificação, as flores em roseta, os danos nas cápsulas verdes, os danos nas cápsulas abertas e os danos nos lóculos causados pelo bollworm americano e pelo bollworm rosa.

Avaliar a segurança da combinação de insecticidas contra insectos benéficos do algodão *Bt* em sistema de plantação de alta densidade

A maior população de inimigos naturais foi registada nas parcelas tratadas com Thiamethoxam 12,6% + Lamdacyhalothrin 9,5% ZC, Indoxacarb 14,5% + Acetamiprid 7,7% SC e Acephate 50% + Imidachlopride 1,8% SP após cada pulverização. Por outro lado, a cipermetrina 3% + quinalfos 20% CE e o piriproxifeno 5% + fenpropatrina 15% CE foram considerados mais tóxicos para os predadores .

CONCLUSÕES

A avaliação de combinações de insecticidas contra as principais pragas de insectos do algodão *Bt* em HDPS indicou que todos os tratamentos insecticidas foram significativamente superiores no registo do número mínimo de pragas sugadoras e de bollworms em relação ao controlo não tratado. Entre todas as combinações de insecticidas, Thiamethoxam 12,6% + Lamdacyhalothrin 9,5% ZC, Indoxacarb 14,5% + Acetamiprid 7,7% SC e Acephate 50% + Imidachlopride 1.8% SP foram considerados os mais eficazes na redução da população de afídeos, jassídeos e moscas brancas. Para os tripes, Fipronil 4% + Acetamipride 4% SC foi o primeiro tratamento mais eficaz, seguido de Tiametoxame 12,6% + Lamdaci-halotrina 9,5% ZC, Indoxacarbe 14,5% + Acetamipride 7,7% SC. Os insecticidas Tiametoxame 12,6% + Lamdaci-halotrina 9,5% ZC, Indoxacarbe 14,5% + Acetamipride 7,7% SC e Acefato 50% + Imidaclopride 1,8% SP revelaram-se eficazes contra a população larvar, os corpos de frutificação, as flores em roseta, os danos em cápsulas verdes, os danos em cápsulas abertas e os danos em lóculos provocados pelo bollworm americano e rosa.

A maior população de inimigos naturais foi registada nas parcelas tratadas com Thiamethoxam 12,6% + Lamdacyhalothrin 9,5% ZC, Indoxacarb 14,5% + Acetamiprid 7,7% SC e Acephate 50% + Imidachlopride 1,8% SP após cada pulverização.

O maior rendimento e ICBR foi observado no tratamento Tiametoxam 12,6% + Lamdacyhalothrin 9,5% ZC.

LITERATURA CITADA

Ambarish, S., Shashi, K. C., Somu, G. & Navi, S. (2017). Estudos sobre a bioeficácia de novas moléculas inseticidas contra pragas de insetos em algodão aicrp no algodão. *Jornal de Estudos de Entomologia e Zoologia*. 5 (6), 544-548.

Anónimo, (2023). Agriculture Statistics at Glance- A Technical Report, Area, production and yield of cotton in India (major states), Directorate of Economics and Statistics, Department of Agriculture, Cooperation & Farmers welfare, Ministry of Agriculture, New Delhi, India, 58-59.

Bajpai, N. K., & Pandey, R. (2019). Bioeficácia do acefato 50% + buprofezina 20% WP contra insetos-praga sugadores de algodão (*Gossypium spp.)*.

Bajya, D. R., Baheti, H. S. & Raza, S. K. (2015). Eficácia de campo da nova formulação de inseticida Ampligo 150 ZC contra o complexo bollworm no algodão. *Jornal de Investigação e Desenvolvimento do Algodão*. *29*(1), 94-98.

Balikai, R. A. (2016). Bioeficácia de AzaMax 0,6% e AzaMax 1,2% contra moscas brancas em algodão *Bt*. *Anais de Entomologia*. *34*(1/2), 31-37.

Balikai, R. A. & Mallapur, C. P. (2021). Bioeficácia do Belt Expert 480 SC contra lagartas e complexo de pragas sugadoras em grama preta (*Vigna mungo L. Hepper*) e seu efeito sobre inimigos naturais e plantas. *Farming and Management*. *6*(2), 108-124.

Bavisa, R., Parmar, G. M. & Hirapara, S. K. M. (2018). Eficácia de campo de diferentes inseticidas químicos contra *Lipaphis erysimi* (Kalt.) na mostarda.

Berad, V.B., Harke, G.P. &Zanwar P.R. (2022) Eficácia de formulações insecticidas prontas a usar contra o complexo de bollworms no algodão. *Pharma Innovation*;11(9):981-983

Bhamare, V. K., & Wadnerkar, D. W. (2018). Potência de combinações de inseticidas contra o complexo bollworm do algodão. *Jornal de Farmacognosia e Fitoquímica*. *7*(1S), 1164-1168.

Bharpoda, T. M., Patel, N. B., Thumar, R. K., Bhatt, N. A., Ghetiya, L. V., Patel, H. C. & Borad, P. K. (2014). Avaliação de inseticidas contra pragas de insetos sugadores que infestam o algodão *Bt* BG-II. *The bioscan*. *9*(3), 977-980.

Bhujade, D. R., Zanwar, P. R. & Bokan, S. C. (2018). Avaliação de novas combinações de inseticidas contra o complexo bollworm no algodão. *Jornal Internacional de Microbiologia Atual e Ciência Aplicada*. *7*(7), 3619-3626.

Borude, B. S., Bhalkare, S. K., Undirwade, D. B. & Rathod, P. K., (2018). Inseticidas de mistura pronta para o complexo de bollworm de algodão. *Jornal Internacional de Microbiologia Atual e Ciência Aplicada 6*, 1974-1984.

Dharne, P. K., & Kabre, G. B. (2009). Bioeficácia da mistura pronta de indoxacarbe 14,5+ acetamipride 7,7 SC (RIL-042 222 SC) contra pragas sugadoras e broca de frutos na malagueta. *Karnataka Journal of Agricultural Sciences*. *22*(3), 585-587.

Floret, V. M., & Regupathy, A. (2019). Bioeficácia do ampligo 150 zc (clorantraniliprole 9,3% + lambda cialotrina 4,6%) contra o minador de folhas (*Liriomyza trifolii*) no tomate (*Lycopersicum esculentum mill.*). *Arquivos de Plantas*. *19*(1), 1038-1040.

Ghosal, A., Chatterjee, M. L. & Bhattacharyya, A. (2018). Bioeficácia de campo de alguns novos inseticidas e misturas de tanques contra a mosca branca no algodão na nova zona aluvial de Bengala Ocidental. *Jornal de Investigação sobre Pesticidas*. *30*(1), 31-36.

Guru, P. N., & Patil, C. S. (2018). Eficácia do produto combinado flubendiamida 240 + tiaclopride 240 (Belt expert 480SC) contra a broca do fruto da malagueta. *Jornal de*

Entomologia e Estudos de Zoologia. *6*(4), 616-620.
Hugar, S. V., & Udikeri, S. S. (2022). Avaliação de Imidacloprid 6% + Lambda cyhalothrin 4% SL contra pragas sugadoras de algodão. *Jornal Indiano de Entomologia*. 1-5.
Hugar, S. V., Gundannavar, K. P. & Udikeri, S. S. (2020). Bioeficácia de um combiproduto diafenthiuron 30% + pyriproxyfen 8% SE contra a mosca branca e sua segurança para inimigos naturais no algodão. *Journal of Entomology and Zoology Studies*. *8*(5), 2068-2073.
Jadhav, R. P., Mundhe, D. R., Bhosle, B. B. & Yadav, G. A. (2009). Bioeficácia do novo inseticida acetamapride 20 SP e indoxacarb 14.5 SC contra o complexo de bollworm do algodão. *Pesticide Research Journal*. *21*(2), 150-154.
Javalage, S.P., Kolhe, A.V. e Naikwadi, B.V. (2019). Bioeficácia de novos inseticidas contra as principais pragas sugadoras e efeito sobre seus inimigos naturais do algodão *Bt* BG II. *Jornal de Estudos de Entomologia e Zoologia*. 7(5): 424431.
Kalyan, R. K., & Kalyan, D. (2022). Avaliação da bioeficácia de ciantraniliprole 7,3% W/W + diafentiuron 36,4% W/W SC contra pragas de quiabo. *The Pharma Innovation Journal*. *11*(12), 264-270.
Kalyan, R. K., & Kalyan, D. (2022). Avaliação de novas moléculas combinadas contra insectos pragas do algodão.
Kalyan, R. K., & Kalyan, D.(2022). Avaliação de Pyriproxyfen 8% + Clothianidin 3.5 SE contra pragas sugadoras de algodão. *Revista Internacional*. 14(4), 1126-130
Kamble, P. P., Kulkarni, S. R. & Patil, S. K. (2014). Eficácia de novas combinações de insecticidas contra a broca de rebentos e frutos, *Earias vittella* (Fabricius) no quiabo. *Gestão de pragas em ecossistemas hortícolas*. *20*(2), 242-244.
Khan, M. A., Khaliq, A. B. D. U. L., Subhani, M. N. & Saleem, M. W. (2008). Incidência e desenvolvimento de *Thrips tabaci* e *Tetranychus urticae* em algodão cultivado no campo. *Revista Internacional de Agricultura e Biologia*. *10*, 232-234.
Kumar, B. V., Boomathi, N., Kumaran, N. & Kuttalam, S. (2010). Combinação de flubendiamide + thiacloprid 480 SC (RM) contra bollworms e pragas sugadoras de algodão. *Jornal Agrícola de Madras*. *97*(abr-jun), 1.
Kumar, C. A., & Shivaraju, C. (2009). Bioeficácia de novas moléculas insecticidas contra a broca do tomate, *Helicoverpa armigera* (Hubner). *Karnataka Journal of Agricultural Sciences*. *22*(3), 588-590.
Kumar, R., & Srivastava, R. P. (2016). Bioeficácia de alguns insecticidas e formulações mistas contra *Spodoptera litura* (Fab.). *Jornal de Pesquisa Entomológica*. *40*(3), 279-284.
Manu, N., Kumar, D. & Prasad, T. G. (2019). Bioeficácia do Econeem Plus® contra moscas brancas no algodão em condições de campo. *Revista Internacional de Estudos Químicos*. *7*(1), 2447-2449.
Meena, R. S. (2018). Bioeficácia do imidaclopride 17.1 SL contra pragas sugadoras de algodão. *Jornal de Estudos de Entomologia e Zoologia*. 6(5), 2154-2156.
Mohapatra, L. N., & Sahu, B. B. (2006). Avaliação de campo de produtos combinados de insecticidas contra os bollworms do algodão. *Journal of Applied Zoological Researches*. *17*(1), 37-39.
Naik, V.C., Ashwini, A., Magar, J.G., Kumbhare, S., Kranthi, S. e Venugopalan, M.V. (2015). Impacto de novas moléculas na gestão do bollworm no algodão sob sistema de plantação de alta densidade. Artigos do Simpósio "*Future Technologies Indian Cotton in the next Decade*". 3.22:79.
Nemade, P.W., Rathod, T.H., Deshmukh. SB., Paslawar, A.N., Ujjainkar, V.V., Deshmukh,

V.V. e Jayler S.T. (2015). Avaliação de especificação e cronograma de pulverização para gerenciamento de bollworm em algodão HDPS. Artigos do Simpósio "Tecnologias do Futuro: Indian Cotton in the next Decade", 3.14:165-171.

Padaliya, S. R., Thumar, R. K., Pipaliya, G. K. & Bhagora, J. K. (2018). Bioeficácia de diferentes botânicos contra Thrips, *Scirtothrips dorsalis* hood infestando algodão *Bt. Jornal Internacional de Microbiologia Atual e Ciências Aplicadas*. *7*(7), 2893-2903.

Panda, S. K., Maity, B. K., Nayak, S. K. & Behera, U. K. (2002). Bio-eficácia de Sherlone contra brocas de frutos e cigarrinhas de quiabo. *Annals of Plant Protection Sciences*. *10*(1), 65-68.

Patel, B. H., Patel, D. M., Patel, M. J. & Patel, J. R. (1998). Bio-eficácia de vários insecticidas sintéticos de mistura pronta contra o complexo de pragas do algodão 'H 6' (*Gossypium hirsutum*). *Jornal Indiano de Ciências Agrícolas*, *68*, 780-781.

Patel, J. K., Patel, I. S. & Patel, G. M. (2010). Avaliação da nova combinação de produtos spirotetramat 12%+ imidacloprid 36% 480 SC contra pragas sugadoras do algodão. *Tendências em Biociências*. *3*(2), 159-160.

Patel, L. C. (2018). Bioeficácia de um novo inseticida combinado, flubendiamide 24+ thiacloprid 24 SC contra as lagartas e o complexo de pragas sugadoras de blackgram. *Indian Journal Plant Protection*. *46*(1), 15-26.

Patidar, B. K., Meena, C. B. & Yadav, D. L. (2022). Bioeficácia de insecticidas e sua combinação contra pragas sugadoras de malagueta (*Capsicum annum L*) na região húmida do Rajastão.

Patil, R. K., Halappa, B. & Guru, P. N. (2017). Bioeficácia do Dinotefurano 4% + Acefato 50% (54 SG) contra pragas sugadoras do Algodão. *Anais de Ciências de Proteção de Plantas*. *25*(1), 16-23.

Patil, S. B., Udikeri, S. S., Guruprasad, G. S., Vandal, N. B. & Hirekurubar, R. B. (2011). Bioeficácia do RIL (043 EC): um novo produto combinado contra o complexo do bicudo do algodoeiro. *Jornal de Investigação e Desenvolvimento do Algodão*. *25*(1), 107-111.

Raghavendra, Y., Kalmath, B. S. & Hadimani, D. K. (2017). Bioeficácia de Novaluron 5,25% + Indoxacarb 4,5% SC contra o complexo de broca de vagem de feijão-caupi. *Jornal de Pesquisas Zoológicas Aplicadas*. *28*(2), 183-189.

Ranganathan, T., & Govindan, K. (1996). Uma nova mistura inseticida para combater *Helicoverpa armigera* no algodão. *Pestology*. *20*(2), 23-25.

Rawale, B. N., Kausale, P. P., Munde, A. T., Kedar, P. B., Sonkamble, M. M. & Waghmode, D. B. (2002). Eficácia dos insecticidas e do extrato de sementes de neem contra os bollworms do algodão em NHH-44. *Journal of soils and crops*. *12*(1), 7577.

Reddy, B. K. K., Paul, A., Anitha, N., George, T. & Amritha, V. S. (2018). Eficácia de misturas de inseticidas contra pragas sugadoras de feijão-caupi. *Jornal de Estudos de Entomologia e Zoologia*. *6*(5), 2246-2250.

Rohokale, Y. A., Sonkamble, M. M., Bokan, S. C. & Bhede, B. V. (2018). Eficácia das novas combinações de insecticidas contra a broca do brinjal e a broca do fruto. *Revista internacional de investigação entomológica*. *3*, 36-39.

Samanta, A., Alam, S. K. F., Patra, S., Sarkar, S. & Dey, P. K. (2017). Alika 247 ZC (Thiamethoxam 12,6% + Lambda-Cyhalothrin 9,5%) contra o Complexo de Pragas do Chá em Bengala Ocidental. *Pesticide Research Journal*. *29*(2), 230-235.

Sangamithra, S., Vinothkumar, B., Muthukrishnan, N., & Manoharan, T. (2018). Avaliação da bioeficácia da flubendiamida 24% p / v + tiaclopride 24% SC p / v contra brotos e brocas de frutas e suas pragas sugadoras e sua segurança para organismos não-alvo em brinjal. *Journal of Entomology and Zoology Studies*. *6*(1), 245-249.

Selvaraj, S., Pillai, A. K. & Ganeshamo, p. (2016). 1. Bioeficácia de cholrantraniliprole 4,3% + abamectina 1,7% sc contra *Helicoverpa armigera* (hubner) Hardwick em tomate por 1s. Selvaraj, 1a. Kuzhandhaivel pillai e 2p. Ganeshamoorthi. *Folhetos de ciências da vida*. *79*, 1-to.

Subbireddy, K. B., Patel, H. P., Patel, N. B. & Bharpoda, T. M. (2018). Utilização de inseticidas de mistura pronta para o manejo de brocas de frutas no quiabo, [*Abelmoschus esculentus* (L.) Moench]. *Journal of Entomology and Zoology Studies*. *6*(2), 1808-1811.

Surpam, A. N., Neharkar, P. S., Bhasme, S. P., Kamdi, S. R. & Kadam, B. S. (2015). Bioeficácia do novo produto combinado contra pragas sugadoras de algodão. *Jornal de Pesquisa Avançada de Melhoramento de Culturas*. *6*(2), 170-177.

Surwase, S.R. (2017). Atividade sazonal das principais pragas de insectos e bioeficácia de insecticidas mais recentes contra o complexo de pragas sugadoras do algodão transgénico Tese de doutoramento (Agri.), VNMKV, Parbhani. (Não publicado)

Suvash, C., & Nihal, R. (2020). Bioeficácia de alguns insecticidas mais recentes contra a mosca branca, *Bemisia tabaci* (gennadius) e tripes, *Scirtothrips dorsalis* (hood) infestando o algodão *Bt*.

Swami, H., Lekha, V. S., Mahla, M. K. & Kumar, K. (2018). Bioeficácia do piriproxifeno 8.0 SE + clotianidina 3.5 SE contra pragas sugadoras que infestam o brinjal. *Revisão e cartas da ciência química*. *7*(26), 608-615.

Thumar, R. K., Borad, P. K., Pathan, N. P., Bharpoda, T. M., Saiyad, M. M. & Chaudhary, H. K. (2018). Bioeficácia do diafentiuron 25% + piriproxifeno 5% SE contra pragas de insetos sugadores de algodão *Bt*. *Journal Entomology and Zoology Studies*. *6*(5), 1024-1029.

Udikeri, S. S., Patil, S. B., Hirekurubar, R. B., Guruprasad, G. S., Shaila, H. M. & Matti, P. V. (2010). Gestão de pragas sugadoras no algodão com novos insecticidas. *Karnataka Journal of Agricultural Sciences*. *22*(4).

Vadodaria, M. P., Maishria, I. M., Patel, R. B., Patel, C. J. & Patel, R. H. (1998). Bioeficácia de insecticidas de mistura pronta contra pragas do algodão. *Pestology*. *22*(9), 43-47.

Zanwar, P. R., Deosarker, D.B., Yadav, G.A. e Shelke, L.T. (2012). Avaliação de certos neonicotinóides contra pragas sugadoras no algodão *Bt*. *Pestology*. 36(1):21-24.

MIX
Papier aus verantwortungsvollen Quellen
Paper from responsible sources
FSC® C105338

Printed by Books on Demand GmbH, Norderstedt / Germany